Emilia BURCA

LA RÉVÉLATION

Le code ADN n'est plus un secret

ROMAN

Paris 2021

ILLUSTRATION — Violeta Raevschi
MISE EN PAGE — Natalia Voinova
CONSULTANT — Dana Burca

Emilia Burca
LA RÉVÉLATION. Le code ADN n'est plus un secret / Emilia Burca, — Paris, 2021. — 104 pages.
ISBN 978-2-9574528-2-8

«Le désir de bien faire est un puissant moteur.
Celui de faire du bien est plus puissant encore.»

Michael Aguilar

PROLOGUE

Georges est obsédé par l'amour qu'il a pour la Terre. Il souffre de voir des ordures dispersées partout, des voyous qui agressent les gens, des vandales qui saccagent tout.

Pourquoi devrait-on avoir peur de laisser les portes des maisons ouvertes, de se promener le soir dans les rues, de se trouver seul dans une forêt? Pourquoi ne pourrait-on pêcher ou se baigner dans une rivière sans craindre d'attraper une maladie? Et ces millionnaires et milliardaires qui massacrent l'écosysthème et retournent les entrailles de la Planète pour s'enrichir encore et encore? Il souffre de voir l'agonie dans laquelle les humains sont plongés. Il se dit souvent: les gens sont méchants parce qu'ils sont malheureux. Si chaque homme était aimé, il ne devrait pas s'inquiéter pour son lendemain, tous seraient heureux. Et quand on est heureux on ne fait de mal à personne.

Et toi, Georges, es-tu heureux? Tu aimes ton fils et lui aussi il t'aime. Mais continuera-t-il de t'aimer quand tu lui auras tout dit?

LA RÉVÉLATION

Tudor se tenait debout devant l'énorme écran 100D figurant une fourmilière. Dès qu'on chaussait les lunettes 100D, on avait l'impression de se trouver à l'intérieur de la colonie. La taille d'une fourmi atteignait 10 cm. Chaque fois qu'il regardait l'écran, il se rappelait sa première rencontre avec les fourmis, à l'âge de cinq ans. Une rencontre qui aura marqué sa vie à jamais. Ce jour-là, il se promenait avec son père dans la forêt. Il avait lâché la main de son père et s'était mis à courir après un papillon aux couleurs très vives. Le garçon voulait tellement l'attraper qu'il ne regardait pas sous ses pieds et ne vit pas devant lui un énorme marais de fourmis qui se dressait majestueusement au milieu de la clairière. Il trébucha et tomba la poitrine dessus. La douleur fut terrible et il manqua d'air lorsqu'il sentit des milliers d'êtres minuscules envahir son corps et le piquer. Oubliant la douleur dans la poitrine, il sauta de l'essaim et commença à arracher ses vêtements en criant, effrayé et battant des pieds.

— A-a-a-ah! Papa-a-a! Ça pique! Qu'est-ce que c'est?

Son père accourut, le débarrassa des bestioles, le prit dans ses bras et le serra contre sa joue.

— Ce sont les fourmis, chéri. Des insectes comme les mouches, les abeilles mais qui construisent leurs maisons sous la terre.

Mais le problème ne disparut pas. Tudor avait peur de mettre les pieds par terre, il lui paraissait qu'il serait de nouveau attaqué par les fourmis. Son père dut l'emmener à l'hôpital. Son corps était plein de petites morsures qui le démangeaient. La nuit, il faisait des cauchemars dans lesquels des milliers de fourmis voulaient l'entraîner dans leur colonie pour le dévorer.

Alors il se réveillait en criant de peur. Il mouillait même ses draps. Son père finit par le faire dormir dans son lit. Le jour de son anniversaire de six ans, m. Georges lui dit:

«Aujourd'hui, je voudrais que tu fasses connaissance avec les fourmis. N'aie pas peur, tu ne vas pas les toucher. Je voudrais que tu apprennes à respecter ces insectes minuscules dont l'organisation sociale est bien supérieure à celle de la société humaine.»

Ils montèrent ensemble au grenier de leur immense maison. Le père ouvrit une porte au fond du couloir et ils entrèrent dans une petite pièce sans fenêtres. Seul un velux laissait entrer la lumière. Trois murs étaient rouges, le quatrième était occupé par un écran. En face de l'écran il y avait deux fauteuils. M. Georges fit signe à Tudor de s'installer dans l'un d'eux, ferma la jalousie du velux et la pièce sombra dans le noir.

— Je te préviens que lorsque j'allumerai l'écran, nous nous trouverons dans une cité fourmilière. N'aie pas peur! Nous allons vivre des moments parmi les fourmis, les voir de près, comprendre comment elles communiquent, se reproduisent, bâtissent leur cité, se protègent contre les invasions.

Il leur mit des casques, chaussa une paire de lunettes et en donna une autre à son fils. Puis il alluma l'écran. Pendant qu'ils «descendaient» à bord d'un ascenseur en verre, une voix très douce se fit entendre dans les casques:

— Vous pénétrez au sein de la colonie des fourmis rouges d'Afrique. Elles sont apparues sur la Terre des millions d'années avant nous. Elles ont créé une civilisation parallèle, bâti de véritables royaumes, inventé les armes les plus sophistiquées, conçu tout une structure de la cité, maîtrisé une technologie stupéfiante. Pendant les quelques secondes que dure la descente dans cette fourmilière, vont naître sur terre sept cents millions de fourmis.

— Sept cents millions! Est-ce que c'est beaucoup, papa?

— C'est énorme, chéri. As-tu vu le gros livre dans la bibliothèque? Imagine-toi que chaque lettre c'est une fourmi. Et tout ça pendant que nous descendons!

Par les vitres de l'ascenseur, ils voyaient s'activer des centaines de créatures rousses qui rappelaient à Tudor des êtres extraterrestres des films de science-fiction qu'il avait vus.

La voix douce dans les casques continua:

— Vous êtes à l'intérieur d'une cité de fourmis qui a un mètre de haut, cinquante étages sous le sol, cinquante étages au-dessus du sol. Population estimée: dix-huit millions d'habitants. Cette cité a sa hiérarchie, ses colonies, son langage, sa production industrielle, ses esclaves, ses mercenaires, ses armes...

Durant quelques heures ils «errèrent» dans les labyrinthes de la fourmilière. Ils virent que les tâches étaient bien réparties, chaque fourmi connaissant son devoir. Ils passèrent quelques moments à regarder les activités des ouvrières, des soldates, des nourrices, des mâles et des femelles. Ils ont même vu la Reine pondeuse.

Les fourmis communiquaient à l'aide de leurs antennes et des phéromones olfactives. Durant leur «visite» chez les fourmis, Tudor et son père ont senti différentes odeurs qui indiquaient l'état de l'individu qui l'émettait : colère, peur, joie.

Le garçon fut très impressionné par le film. Grâce aux nouvelles technologies, il put non seulement voir la vie des fourmis de près, mais se sentir lui-même fourmi. Il y avait sur sa télécommande plusieurs touches: «soldate», «nourrice», «ouvrière» etc.

S'il appuyait sur la touche «soldate», il se trouvait parmi les fourmis soldates en train de fortifier la cité, s'il appuyait sur la touche «ouvrière», il était en train de construire ou de nettoyer les labyrinthes de la fourmilière, préparer ou stocker les provisions. Il pouvait même communiquer avec les fourmis, car son casque lui servait d'interprète en ligne.

Après leur première visite chez les fourmis, Tudor eut le droit d'y aller tout seul. C'était devenu une de ses plus grandes passions jusqu'à l'âge de dix ans. Il avait trouvé sur Internet beaucoup d'informations sur les fourmis. Un jour, il déclara à son père qu'il voulait dédier sa vie à l'étude des fourmis.

— Chéri, il y a eu assez de savants qui ont consacré leur vie à étudier les fourmis. On les connaît assez bien pour faire la conclusion suivante: Dieu a créé plusieurs civilisations qui peuplent la Terre. À part la civilisation humaine, les autres ont contribué au développement et à la protection de notre planète. Seuls les humains sont destructeurs. Et tu sais pourquoi? Parce que Dieu nous a permis de choisir, de décider. Regarde les fourmis. La fourmilière est comme un seul être et chaque fourmi en est une cellule. Une esclave ne prétend pas devenir ouvrière, une ouvrière ne rêve pas de devenir reine, etc. Chacune travaille et se sacrifie pour que leur Fourmilière prospère.

— Mais à quoi bon, Papa? Chaque être a droit au bonheur. Si une fourmi meurt, qu'a-t-elle eu de sa vie?

— Voilà! Tu poses cette question et c'est normal que tu la poses. Parce que nous avons la faculté d'analyser, de choisir ce que nous voudrions faire. À quoi bon l'ascension sociale? Le fils d'un paysan ne veut plus travailler la terre. Il veut faire des études, partir vivre dans une grande ville. Le fils d'un ouvrier veut être businessman, un businessman — chef d'Etat. Et ainsi de suite. On n'est jamais content de ce qu'on a.

— Et alors?

— Dans la Bible, il est écrit que le Messie viendrait et arrêterait les inégalités et les malheurs. Mais comment est-ce possible? Il fera en sorte que les gens ne se rendent pas compte de leur situation sociale, qu'ils soient contents de ce qu'ils ont, ils seront dépourvus de leur libre-arbitre.

— Est-ce que c'est comme ça que tu t'imagines l'arrivée du Messie? Ce ne seraient plus des humains mais des marionnettes.

— Ce ne seraient pas de marionnettes, mais des personnes qui vivraient en harmonie avec elles-mêmes, avec la nature, qui pourraient se réjouir de chaque jour sur la Terre… Un jour on en reparlera.

— Tu parles comme si c'était toi qui déciderais de l'arrivée du Messie…

— D'une certaine manière, oui. Mais je te dis qu'on en reparlera un jour.

***

...Et voilà que le moment de vérité était venu. Debout devant l'écran 100D Tudor réfléchissait à la révélation que son père venait de lui faire.

Plus de 50 ans plus tôt

Un jour de printemps, le petit Georges rentra de l'école très fatigué. Il dit à ses parents qu'il voulait dormir et refusa de manger. Le lendemain il avait de la fièvre et mal à la gorge.

Pensant que c'était une grippe banale, sa mère lui donnait à boire des infusions, des vitamines. Mais la fièvre persistait et les douleurs devenaient insupportables. Le garçon se plaignait de maux d'oreilles. Une otite, pensa sa mère. Le soir, sous la douche, elle remarqua que les testicules de son fils étaient très gonflés. Prise de panique, elle appela l'ambulance qui l'emmena d'urgence à l'hôpital.

— Votre fils, Madame, souffre d'une forme de parotidite très rare. Elle ne s'est pas manifestée par un gonflement des glandes parotides mais est passée directement en orchido mégalie (gonflement des testicules). L'orchidomégalie apparaît d'habitude chez les hommes adultes infectés, pas chez les enfants. Elle provoque l'infertilité. Chez les adultes une récupération est possible. Mais un enfant affecté restera stérile toute sa vie. De plus, il est possible qu'il n'ait jamais d'érection.

A l'adolescence, Georges commença à se poser des questions. Il voyait ses amis sortir avec des filles, il regardait des films dans lesquels des hommes faisaient l'amour à des femmes. Et il ne comprenait pas pourquoi il ne ressentait rien en regardant les scènes d'amour ou en présence d'une jeune fille séduisante. D'une beauté époustouflante, il voyait bien que les sourires des filles attendaient de lui plus qu'une amitié. Il les invitait au cinéma, à la piscine, au café. Il était très gentil, très galant, très attentionné. Mais aucune fille ne sorti avec lui plus de cinq fois. Elles rompaient avec lui et ne voullaient plus lui parler. Elles prenaient son attitude pour du narcissisme.

Régine, une très belle fille du lycée, le genre de fille consciente de sa beauté, avait entendu ses copines dire qu'il cherchait une fille digne de son amour. Elle paria qu'il ne pourrait pas résister à ses charmes. Un jour, elle s'approcha de lui et l'invita chez elle à une soirée dansante.

— Mes parents sont partis en vacances. On va s'amuser avec des amis.

Quand il arriva chez Régine il y avait trois jeunes hommes et quatre filles.

— Toi, tu seras mon partenaire, lui annonça-t-elle, après lui avoir présenté ses invités.

Sur une table près de la fenêtre-porte étaient posés les apéritifs. Chacun s'en servit et ils s'installèrent dans des fauteuils en bavardant. Ensuite ils dansèrent comme des fous jusqu'à minuit. Soudain, la musique devint très érotique et la lumière passa au rouge.

Les jeunes formèrent des couples et dansaient serrés l'un contre l'autre. Georges s'approcha de Régine qui le regardait intensément. Le moment qu'il craignait était arrivé.

Il se maudissait d'avoir été si stupide et accepté cette invitation. Il avait espéré que cette fille si belle et séduisante pourrait éveiller en lui le désir et animer son corps. Il savait déjà que rien n'arriverait. Régine lui enroula le cou et se serra contre lui. Il lui mit les mains sur les hanches. Georges jeta un coup d'œil aux autres invités et vit que ceux-là ne bougeaient presque pas, ils s'embrassaient; deux couples s'étaient dirigés vers les chambres à coucher. Régine devenait de plus en plus frémissante. D'une main elle commença à lui caresser la poitrine, ensuite elle lui déboutonna la chemise et soudain se mit à l'embrasser dans le cou, sur la poitrine. Georges ferma les yeux, essayant de réprimer son dégoût. Les mains de Régine qui était au comble de son excitation, devenaient de plus en plus insistantes et avant qu'il ne puisse l'anticiper, leurs mouvements descendirent et touchèrent l'endroit qui, dans un pareil moment, aurait dû démontrer toute sa virilité. Mais elles n'y trouvèrent rien. Stupéfaite Régine recula et le regarda dans les yeux. Elle y lut de la compassion. Cela la mit dans une rage terrible.

— Est-ce que tu te rends compte que n'importe quel jeune homme donnerait cher pour être avec moi? Et toi? Ton narcissisme ne considère aucune fille digne de ton attention. J'ai entendu dire parmi les filles du lycée que tu étais très distant et réservé. J'ai voulu le vérifier. J'étais sûre que tu céderais à mes charmes, mais je me suis terriblement trompée! Et je ne supporte pas qu'on soit indifférent envers moi. Va-t-en! Je te déteste!

Georges sortit de l'immeuble en tremblant. Il étouffait. Il ne comprenait pas pourquoi il n'était pas comme les autres. Il éprouvait le besoin d'avoir une amie, mais il voulait la tenir par la main, lui caresser les cheveux, la serrer dans les bras, la protéger comme une petite sœur… Pourquoi attendaient-elles de lui ce qu'il ne pouvait pas leur donner?!

— Maman, pourquoi est-ce que je ne suis pas attiré physiquement ni par les garçons ni par les filles? Est-ce que je suis handicapé? Je t'en supplie, dis-moi la vérité, ne m'épargne rien.

— Mon cher garçon, lui dit sa mère après lui avoir parlé de sa maladie, j'ai toujours refusé de croire ce que les médecins m'avaient dit. Je pensais que tout allait s'arranger quand tu deviendrais adulte. J'ai lu beaucoup de littérature scientifique dédiée à la question. Je t'ai toujours observé, ton comportement en présence des filles et des garçons. Tu n'étais attiré par personne. J'ai dû accepter la réalité: tu ne pourras pas avoir ni famille, ni femme, ni enfants.

— Donc, je suis condamné à être seul!

Un désespoir infini s'empara de lui. Il perdit tout goût de vivre. Il ne pouvait parler de son malheur à personne de peur d'être ridiculisé.

Il pensait avec horreur à Régine, car il était sûr qu'elle voudrait l'humilier et le faire souffrir. Il resta une semaine entière enfermé chez lui. Il avait honte de regarder les gens dans les yeux, il avait l'impression que tous se doutaient de son handicap. Ses camarades de classe lui téléphonaient mais il ne répondait pas. Vingt appels en absence. Cinq messages de son ami Grégoire.

«Appelle-moi, c'est à propos de Régine».

— Régine a changé de lycée. On ne sait pas où elle est allée.

Certains disent qu'elle a même changé de ville.

— Régine? Pourquoi? Le cœur lui cognait dans la poitrine.

— Le jour où elle t'a invité chez elle, elle avait fait un pari avec sa rivale, Karine. La condition était la suivante: si tu lui avais fait l'amour, Karine aurait dû quitter le lycée. Sinon Régine devait s'en aller. Depuis personne ne l'a revue. Karine n'en peut plus de joie.

— Mais pourquoi est-ce qu'elle est partie? Personne ne savait qu'on n'avait pas fait l'amour?...

— Si, parmi les invités il y avait les témoins. Mais, même sans pari, Régine serait partie. Elle est trop fière.

— Si tu savais comme je suis désolé... Un instant, il voulut tout raconter à son ami, mais abandonna.

Régine... S'il avait été comme les autres, c'est avec elle qu'il aurait aimé sortir. Belle, souriante, intelligente. Il se sentait responsable de son départ. S'il la rencontre un jour, il lui dira la vérité.

***

La sensation d'être passé à côté de quelque chose d'important l'empêchait de se concentrer pendant les cours. C'était arrivé le matin, pendant qu'il se préparait pour aller au lycée. Mais quoi? Il n'a rien fait d'extraordinaire ce matin-là! La course quotidienne, la douche, le déjeuner. Pendant le déjeuner, la chaîne radio préférée. Qu'y avait-il d'intéressant aujourd'hui? L'interview avec un acteur très connu venu avec son fils. L'animatrice s'était exclamée en voyant le jeune homme: «On dirait votre clone». Votre clone!

Clone! Une idée lui transperça le cerveau. Désormais il avait un but dans la vie.

Il eut brillamment son BAC et se dédia à l'étude de la génétique. Il travaillait avec beaucoup d'acharnement, presque sans relâche. Les autres étudiants menaient leur vie sentimentale, ils avaient des rendez-vous, ils tombaient amoureux, ils faisaient l'amour. Tandis que lui, il n'éprouvait aucun de ces besoins. Ce qu'il lui manquait, c'était l'affection. Quand ses parents étaient vivants, il aimait poser la tête sur les genoux de sa mère. Elle lui caressait les cheveux, les joues, le dos. Mais après leur mort tragique dans un accident de voiture, il était resté seul au monde. Le seul moyen de combler le vide était l'étude. George était le meilleur étudiant non seulement de son université mais de tout le pays. Il excellait dans toutes les branches de la génétique: développement, génétique chronologique, génétique médicale, génétique quantitative, de l'évolution, des populations. Mais ce qui le captivait vraiment c'était la génomique, l'étude de la structure, la composition et l'évolution des génomes. Il était arrivé à déchiffrer une grande partie du code ADN et pour sa thèse de doctorat, il avait présenté sa grande découverte : on pouvait établir au stade de fœtus si l'individu était un potentiel maniaque, pédophile, alcoolique ou toxicomane et faire les corrections nécessaires. Cette découverte déclencha beaucoup de débats entre les sceptiques et les enthousiastes. Il était en train d'étudier les segments qui étaient responsables des maladies et du vieillissement. Mais il lui était très difficile de travailler car il ne disposait pas de laboratoire bien doté. Un soir, alors qu'il rentrait très tard chez lui - il restait toujours quelques heures après le départ de ses collègues — un homme l'attendait devant le portail de sa maison.

— Je suis venu de la part de M. Octopode. Il vous attend demain chez lui à 10 heures du matin. Je viendrais vous chercher.

M. Octopode était le surnom de l'homme le plus puissant du monde. Personne ne connaissait ni son vrai nom, ni son identité. Il avait tissé une toile qui s'étendait à toutes les grandes affaires du monde.

Le lendemain à 9 heures pile, une limousine noire l'attendait dans la rue. Lorsqu'il s'approcha de l'automobile, un homme en descendit et lui tendit une paire de lunette.

— Monsieur, chaussez ces lunettes noires, vous les retirerez quand on vous y autorisera.

Georges mit les lunettes et se rendit compte qu'il ne voyait rien du tout.

Au bout d'une heure la voiture s'arrêta. La même personne lui ouvrit la portière de la voiture, le prit par le bras et le conduisit vers une porte, composa un code et ils entrèrent dans un immeuble. Ils firent quelques pas vers une autre porte qui s'ouvrit au son de la voix de la personne qui accompagnait Georges. Ils entrèrent dans un ascenseur qui les descendit au niveau — 2. Ils parcoururent un long couloir, une autre porte s'ouvrit et on lui dit de s'installer dans un fauteuil. Ensuite, la personne quitta la pièce. Un profond silence s'installa, mais Georges sentait une présence dans la pièce. On l'observait.

— Je vous ai fait venir pour vous proposer de travailler pour moi, entendit-il. Nous nous trouvons ici dans un énorme laboratoire de recherches. Si vous acceptez ma proposition, tout sera à votre disposition. Jusqu'à présent je n'ai trouvé personne qui corresponde à mes exigences. Si vous acceptez mon offre, on vous fera visiter les lieux. Sinon, vous quitterez cet endroit et je compte sur votre discrétion. Je vous offre cinquante fois le salaire d'un scientifique et tout le matériel nécessaire aux recherches.

— Quel devrait être le but de ses recherches, Monsieur?

— Je vous le dirai lorsque je saurai la réponse. Maintenant, sur place, oui, ou non? continua la voix.

Georges se sentait piégé. Il se rendait compte que les recherches qui intéressaient M. Octopode étaient illégales. Mais il en était intrigué. Et puis son but à lui avait aussi un caractère illégal et il ne pouvait l'atteindre avec les moyens dont il disposait.

— Je suis d'accord.

— Alors mon collaborateur vous fera visiter les lieux. Demain je vous expliquerai ce que j'attends de vos recherches dans le domaine de la génétique. Attendez ici, il viendra vous chercher. Chaque matin à 8 heures, il vous amènera au laboratoire et vous déposera chez vous quand vous voudrez. Si les recherches exigent que vous travailliez toute la nuit, il y a un appartement à votre disposition. Quant aux repas, vous n'aurez pas besoin de vous déplacer, vous serez nourri trois fois par jour. Maintenant je vous laisse, mon collaborateur viendra vous chercher.

— Vous pouvez ôter les lunettes noires, lui dit la personne que M. Octopode appelait son collaborateur. Désormais vous les mettrez le matin en sortant de chez vous et le soir en quittant le laboratoire. Entrons d'abord dans le vestiaire pour nous changer.

Ils mirent des combinaisons d'une seule pièce — couvrant le corps du bas des jambes jusqu'à la tête, avec capuchon — des chaussons et des bottes de salle blanche par-dessus les surchaussures pour avoir un double emballage des pieds, un masque de chirurgien et des gants.

Lorsque Georges fut introduit dans le laboratoire, il resta ébloui: il avait l'impression de se trouver sur un navire spatial extraterrestre.

L'appareillage était ultramoderne et très sophistiqué: amplificateurs enzymatiques in vitro, enzymes de restriction, sondes moléculaires, électrophorèse, séquençage, southern blot, northern blot, système de défense immunitaire bactérien CRISPR-Cas9. En regardant tout cela Georges sourit. Il avait réussi à découvrir beaucoup plus avec des moyens simples, parce qu'il avait eu l'idée de convertir un segment muet ADN en équations mathématiques et non pas en formules chimiques. Ensuite il avait demandé à un ami informaticien d'introduire ses équations dans l'ordinateur qui, à l'aide d'un programme spécial avait fait tous les calculs pour obtenir des combinaisons idéales. Quand il convertit les chiffres des combinaisons en des constituants des segments muets, il obtint l'ADN parfait: une personne ayant un ADN pareil ne vieillirait jamais et ne souffrirait d'aucune maladie. Ensuite il étudia les ADN des personnes souffrant de diverses anomalies et il obtint les combinaisons correspondant à des maladies concrètes et trouva le moyen de les corriger. Il lui fallait autre chose: vérifier si les résultats obtenus in vitro auraient le même effet, appliqués sur des individus humains.

Le lendemain, la même personne l'introduisit dans le laboratoire, après s'être changés et lui dit d'attendre M. Octopode. Il entendit un bruissement et vit descendre au milieu du laboratoire un ascenseur transparent d'où sortit un homme mince de petite taille. Rien de particulier. Monsieur Tout-le-monde. Mais quand il s'approcha de Georges, celui-ci sentit un frisson lui parcourir le dos. Des yeux froids d'un gris presque blanc le transperçaient. Un regard de poisson.

— Je suppose que vous vous rendez compte de la situation dans laquelle vous vous trouvez. Je vous ai permis de me voir parce que je vous fais confiance, parce que je connais tout de vous, parce que vous ne vous appartenez plus. Les résultats de vos recherches doivent rester secrets, imaginez-vous ce que le monde deviendrait s'il n'y avait plus de malades, si les gens ne mourraient pas ? Tout ce que vous avez obtenu jusqu'à présent et ce que vous en obtiendrez doit servir un groupe très restreint : moi et ma famille. Allez, venez voir.

Il s'approcha du mur, mit sa paume sur un voyant et une partie de la paroi coulissa, ouvrant l'entrée d'un couloir. D'un côté et de l'autre il y avait des incubateurs dans lesquels on pouvait voir des corps humains en état de coma, connectés à des appareils destinés à les nourrir et à les maintenir dans un état parfait.

— Vous voyez ici des clones humains. La loi l'interdit, mais personne ne se doute de leur existence. Celui qui les a créés a voulu me faire chanter, mais il n'a pas réussi, il est mort dans un accident. Son regard blanc scruta un moment celui de Georges, tandis que le visage resta impénétrable. Ce sont les clones de ma famille. Trois pour chacun d'entre nous. Au cas où l'on aurait besoin de greffe, ce seraient les donneurs idéaux. Quand le clonage a réussi, je me sentais rassuré, j'espérais pouvoir prolonger ma vie et celle de mon enfant et ma femme. Ensuite j'ai lu dans les journaux qu'un certain étudiant en génomique a fait des découvertes révolutionnaires. Et je me suis dit qu'il serait stupide de mourir. Moi qui suis, on dirait, le maître du monde, qui possède toutes les richesses, je veux être éternel. Je veux que vous fassiez les corrections dans notre ADN. Combien de temps vous faut-il pour cela?

Georges eut peur. Il se dit que cet homme le détruirait quand il n'aurait plus besoin de lui.

— Je ne saurais pas vous le dire. Toutes mes recherches ont été faites in vitro. Pour savoir quelle serait leur efficacité, il faudrait les appliquer sur des humains. J'aurais besoin de bénévoles.

— On a prévu cela. Suivez-moi!

Ils sortirent du couloir, M. Octopode mit de nouveau sa paume sur le voyant et la paroi se referma, ne laissant aucune trace dans le mur. Ils traversèrent le laboratoire et M. Octopode fit coulisser une autre paroi du mur. Ils entrèrent dans un corridor très long et très large. D'une part et de l'autre il y avait des portes, fermées à clé. M. Octopode en ouvrit une et ils pénétrèrent dans un petit appartement, composé d'une chambre à coucher, d'un salon, d'une salle de bain et des toilettes. La porte du salon donnait sur un jardin entouré de hautes clôtures. Il était bien entretenu et différents arbustes et fleurs y poussaient. Il n'y avait pas de cuisine.

— Cet appartement est libre. Vous pourriez vous en servir quand vous voudrez travailler tard la nuit. De même vous y prendrez les repas. Une partie des autres appartements sont occupés par des personnes qui vous serviront de cobayes. Ce sont des clochards qui ont été contents d'avoir un abri et d'être nourris. A propos, vous aurez remarqué qu'il n'y a pas de cuisine. Regardez le placard à côté de la table. Il est lié avec la cuisine qui se trouve au-dessus de ces appartements. En ouvrant la porte droite, ils y trouvent trois fois par jour des repas chauds, des boissons et des fruits. La porte gauche du placard sert à récupérer la vaisselle sale. On la met sur cette étagère qui remonte vers le plafond.

Ils retournèrent dans le laboratoire.

— Approchez-vous de cet appareil et mettez votre main droite dessus. Il va enregistrer vos données et vous pourrez désormais ouvrir la porte qui mène vers les appartements. Celle qui donne accès aux clones est inaccessible, il n'y a que moi qui peut l'ouvrir. Commencez le travail dès maintenant. Chaque soir j'attends un compte-rendu de votre activité. Et n'essayez même pas de tricher, car ce local est sous vidéosurveillance.

M. Octopode entra dans l'ascenseur qui le monta doucement au niveau supérieur.

Resté seul, Georges garda un moment les yeux fermés, essayant de se concentrer et de chasser la sensation désagréable qui le dominait. Il savait qu'en ce moment-là on le regardait, on étudiait l'expression de son visage, les gestes de ses mains, qu'il cachait dans ses poches parce qu'elles tremblaient légèrement. Il inspira profondément et expira lentement.

«Calme-toi! Calme-toi! Calme-toi! Ça ira, ça ira, ça ira».

Il prit un café au distributeur. Il devait se concentrer, faire quelque chose, mais il errait dans le laboratoire, ne pouvant chasser de sa tête l'image des clones. Ce à quoi il pensait jour et nuit se trouvait à quelques pas, de l'autre côté du mur. Il avait eu du mal à cacher son trouble devant M. Octopode. Il aurait tellement voulu rester plus longtemps à examiner les corps. À la première vue, c'étaient de vrais humains. Il voulut avancer vers l'endroit du mur, derrière lequel se trouvaient les incubateurs, mais se souvint à temps qu'on l'observait. Il se dirigea alors du côté des appartements, mit sa paume sur le voyant et sourit en voyant la paroi glisser. Tout d'abord, il décida de faire la connaissance des personnes avec lesquelles il allait travailler ; il lui déplaisait de les nommer cobayes, c'étaient des êtres humains qui l'aideraient dans ses recherches. Au moment où il s'apprêtait à ouvrir la première porte, l'image des clones apparut devant ses yeux et il s'arrêta stupéfait : que sont devenues les jeunes femmes qui avaient servi de mères porteuses? Ont-elles eu le même sort que le généticien qui avait réalisé le clonage? Il appuya son front brûlant contre le mur dont la fraîcheur le calma un peu. «Il faut que j'apprenne à maîtriser mes émotions sinon je deviendrai fou».

Georges tourna la clé et ouvrit la première porte. L'appartement était identique à celui que M. Octopode lui avait fait visiter tout à l'heure. La télé dans le salon était allumée et on diffusait un film. Un homme d'une soixantaine d'années était assis dans un fauteuil en face de la télé. Quand il tourna la tête, Georges fut frappé par la lassitude et la tristesse que son regard exprimait.

— Je comprends maintenant le vrai sens de l'expression qui parle du «bonheur» de l'oiseau enfermé dans une cage d'or, dit-il sans attendre que Georges se présente et lui adresse la parole. J'ai trahi mon âme, parce que mon corps avait froid, mon corps avait faim, mon corps sentait mauvais. Mais j'étais libre, j'allais où je voulais, je voyais des gens, les uns me donnaient des pièces, certains de la nourriture, d'autres encore, des vêtements, des couvertures. Mais je voulais avoir un appartement, manger à ma faim, être à l'abri de la pluie, du vent, de la neige, prendre une douche, dormir dans un lit chaud, dans des draps propres et non pas sous un pont avec des rats qui te marchent dessus et te volent le morceau de pain que tu as gardé pour le lendemain. Et voilà que j'ai tout ça, mais je n'ai pas le droit de sortir, personne ne m'adresse la parole, je n'ai pas d'occupation. On m'a dit que si j'acceptais d'être bénévole dans des recherches pour trouver le remède contre le cancer, à ma sortie d'ici dans un mois, un compte en banque à mon nom sera ouvert. Maintenant, je me rends compte que je me suis fait avoir. Je suis certain qu'on me sortira d'ici dans un sac de poubelle.

— On vous a fait une proposition et vous l'avez acceptée. Ne pensez pas à la mort. Chacun a son temps pour mourir. Il vous faut une occupation. Qu'est-ce que vous aimeriez faire?

— Quand j'étais plus jeune j'aimais beaucoup bricoler, surtout tailler dans le bois.

— J'essaierai de vous apporter de petits bouts de bois et des outils. Comment vous appelez-vous?

— À quoi bon? Est-ce qu'un cobaye a besoin de nom? On l'appelle du nom de l'expérience qu'il subit. Allez-vous pratiquer sur moi la vivisection?

— Rassurez-vous, mes recherches n'ont pas besoin de vivisection. J'ai élaboré un moyen de corriger le code ADN et j'ai besoin de bénévoles pour vérifier son efficacité.

— Alors je suis bénévole et non pas cobaye? Ha! Vous aimez jouer avec les mots.

— Je ne supporte pas ce mot. Jusqu'à présent, je n'ai pas eu affaire à des humains. Je suis très reconnaissant à tous ceux qui ont accepté de collaborer avec nous. Maintenant permettez-moi de vous prélever un peu de sang. Après je vais étudier votre ADN.

Georges décida de retarder ses recherches le plus longtemps possible, car il se méfiait de M. Octopode, il avait peur de lui. Il a déjà créé «le virus positif», une protéine très puissante, qui, une fois introduite dans le corps humain, a comme cible les segments ADN imparfaits et les corrige. Les essais sur des animaux vieux et malades ont donné des résultats incroyables, lui-même en était émerveillé. Tous les animaux auxquels il avait injecté «le virus positif» ont guéri et rajeuni. Leurs ADN étaient parfaits. Il lui restait à savoir si les résultats seraient les mêmes chez les humains. Il voulait aussi savoir si un enfant né de parents dont l'ADN serait corrigé aurait un ADN parfait ou s'il aurait besoin de «virus positif». Mais il ne voulait pas injecter cette protéine aux cobayes, M. Octopode verrait les résultats et exigerait qu'il lui injecte la protéine miraculeuse. Il lui fallait gagner du temps. Il travaillait sur un autre virus et celui-là, pour le moment, était beaucoup plus important que l'autre.

***

Régine se réveilla tôt ce jour-là, elle se sentait enfin en paix avec elle-même. Depuis la soirée où elle avait invité Georges, sa vie avait basculé, la fille orgueilleuse et sûre d'elle avait disparu. Toujours entourée d'admirateurs, elle ne l'avait presque pas remarqué. Un jour, elle participa à un concours de beauté, organisé par la ville. Parmi les participantes, Karine, une fille du lycée, était sûre de gagner le concours. Mais c'est Régine qui le remporta. Depuis, Karine était devenue sa plus grande ennemie, elle la traquait, elle la critiquait, elle la bousculait chaque fois qu'elle le pouvait. Régine ne lui prêtait aucune attention, mais pour se venger, elle lui piquait ses petits amis ce qui enrageait Karine davantage.

— Écoute, toi, qui te considères comme une dévoratrice des cœurs, je te lance un défi, lui dit un jour Karine à la cantine pendant le déjeuner. Tous tournèrent la tête vers elles. Un profond silence se fit.

— Il y a un jeune homme en terminale, Georges, dont on dit qu'il est très narcissique, il sort avec des filles mais il n'embrasse personne. Tu dois organiser une soirée, et parmi tes invités il y aura mes amis, Mickael et Judith, pour témoigner. Invites Georges. S'il t'embrasse et s'il te fait l'amour, je promets devant tous ceux présents ici de changer de lycée, sinon tu t'en iras. Qu'en dis-tu?

Régine resta un moment stupéfaite, elle ne savait pas comment agir, relever le défi ou tourner le dos et l'ignorer. Mais la perspective de se débarrasser de cette fille insupportable était trop alléchante.

— OK, tu peux déjà préparer ton dossier et chercher un autre établissement.

— Bonne chance! pouffa Karine en s'éloignant.

Régine ne douta pas un seul instant qu'elle allait bientôt être délivrée de Karine. Jusque-là, personne ne lui avait résisté. Pendant quelques jours, elle observa Georges. Il était beau, délicat, la démarche souple et de belles manières. Il se tenait toujours à l'écart des autres lycéens, le regard rêveur. Il avait toujours l'air préoccupé. Comment ne l'avait-elle pas remarqué avant?

Bientôt l'occasion d'organiser la soirée se présenta. Ses parents partaient pour plusieurs jours en vacances.

— Bonjour, Georges, j'organise une soirée dansante. Mes parents sont partis en vacances. Veux-tu venir? On va s'amuser avec des amis.

Quand il la regarda, elle eut l'impression qu'il la voyait pour la première fois.

— Pourquoi moi? demanda-t-il étonné.

Elle ne s'attendait pas à pareille question. Elle s'attendait à ce qu'il accepte avec reconnaissance la faveur qu'elle lui accordait.

— Bah, parce que je voudrais faire ta connaissance, balbutia-t-elle.

Il la regardait intensément et il lui semblait que son regard lui demandait «à quoi bon?». C'était la première fois qu'elle se sentait nerveuse en présence de quelqu'un.

Il se présenta à la soirée avec un joli bouquet de fleurs. Elle lui présenta les invités, il s'intégra de suite dans le groupe, il riait, plaisantait, dansait. Elle l'observait à la dérobée et voyait que les autres filles le regardaient avec admiration. Tout allait bien. Jusqu'au moment où la musique devint lente, la lumière devint rouge et les invités commencèrent à danser par couples. Régine regarda Judith et Mikael. Ils étaient là, ils dansaient, mais ils guettaient tous leurs mouvements. Elle se leva. Georges se leva à son tour. Il était là devant elle, grand, un corps d'athlète, beau. Son parfum l'enveloppait et l'enivrait. Il s'approcha doucement et lui mit les mains sur les hanches. Elle leva la tête et vit qu'il avait les yeux fermés. Pensant qu'il éprouvait de la passion pour elle, Régine lui enroula le cou et se serra contre lui. En touchant son corps elle sentit des papillons au bas du ventre. Elle devenait de plus en plus frémissante, d'une main elle commença à lui caresser la poitrine, ensuite elle lui déboutonna la chemise et soudain s'est mise à l'embrasser dans le cou, sur la poitrine. Georges se raidit, les yeux toujours fermés. Régine crut qu'il luttait pour maîtriser son excitation. Pour l'encourager, elle se serra encore contre lui, ses mains redoublèrent leurs caresses. Mais il n'eut aucune réaction. Stupéfaite Régine recula et le regarda dans les yeux. Elle y lut de la compassion. Cela la mit dans une rage terrible. Elle ne put pas retenir ses émotions, elle cria, l'insulta, le mit à la porte. Ensuite elle arrêta la musique, alluma la lumière et se tourna vers Judith et Mikael qui n'essayaient même pas de cacher leur moquerie.

— Karine a gagné, c'est à elle de conquérir ce playboy.

— Elle a déjà essayé, avec le même résultat que toi. Georges n'est pas un playboy, jusqu'à présent il n'a manifesté aucun intérêt, ni pour les filles ni pour les garçons.

Restée seule après le départ de tous ses invités, Régine ne se retint plus. Elle pleura de rage, de désespoir et de honte. Comment a-t- elle pu se conduire comme une vulgaire racoleuse ? Que penserait-il d'elle? Chaque fois qu'elle se rappelait son regard, elle sautait de sa place et faisait les cent pas dans la chambre. Calme-toi, c'est un pari que tu as voulu gagner, ce Georges, tu ne l'avais jamais remarqué, tu ne le reverras plus, car tu vas changer de lycée. Tu dois ignorer ce qu'il racontera sur toi ou les railleries de Karine et des autres. Après ce monologue qui l'apaisa un peu, Régine décida de prendre une douche. Au moment où elle levait les bras pour retirer sa robe elle sentit un léger parfum qui fit tout de suite remonter les papillons dans son ventre. Son bras s'était imprégné du parfum de Georges quand elle lui avait entouré le cou. Elle s'assit sur le carrelage, le visage enfoncé dans le creux du bras. Elle ferma les yeux et revit l'image de Georges debout devant elle, son regard intense plongé dans le sien. Elle ressentit son corps serré contre le sien. Elle n'avait jamais eu un pareil sentiment d'abandon et de fusion, jamais toucher quelqu'un ne lui avait procuré pareil délice. Oh, mon Dieu, je suis amoureuse ! Je l'étais déjà quand je lui avais parlé la première fois, mais je ne m'en étais pas rendu compte. Je n'ai aucune chance, car il doit me détester, il doit me considérer comme une fille légère qui met la main dans le pantalon du premier venu. Régine pleura de dépit, sortit de la salle de bain sans prendre de douche et alla se coucher en mettant la tête sur son bras pour respirer le parfum enivrant.

Heureusement, ses parents furent très compréhensifs, ils l'ont encouragée quand elle leur dit qu'elle voulait changer de lycée. Ils déménagèrent même dans une autre ville.

Mais Régine n'était plus la même fille joyeuse et pleine de vie. Son amour pour Georges devenait de plus en plus fort et le sentiment de culpabilité la rongeait, elle était sûre qu'elle avait tout gâché. Un jour, quelques mois plus tard, elle était à l'aéroport avec ses parents. Ils rentraient des vacances.

Ses parents étaient allés récupérer les bagages et Régine s'est assise sur un canapé, un livre à la main.

— Régine?

Surprise, elle releva la tête de son livre et vit un jeune homme devant elle.

— Est-ce qu'on se connaît?

— Tu ne me connais pas, moi si. Je m'appelle Grégoire, je suis l'ami de Georges.

Régine rougit. Georges a dû raconter à son ami tout ce qui s'était passé ce soir-là, cela les aura beaucoup amusés. Elle pensait avec fébrilité à ce qu'elle lui répondrait s'il l'insultait.

— Georges a été très chagriné d'apprendre qu'il avait été le sujet d'un pari et qu'à cause de lui tu as dû quitter le lycée. Il a voulu te parler, il est allé te chercher chez toi, mais le gardien lui a dit que vous aviez déménagé précipitamment.

Un grand soulagement parcourut le corps de Régine. Georges s'avéra être quelqu'un d'une grande noblesse de cœur. Oh, comme elle l'aimait!

Elle dit à Grégoire dans quelle ville ils avaient emménagé et le nom du lycée dans lequel elle étudiait. Pendant des mois elle avait espéré que Georges viendrait au lycée la trouver. Mais plus le temps passait plus ses attentes étaient vaines. Loin des yeux, loin du cœur.

Elle essayait de sortir avec d'autres jeunes hommes, mais elle rompait vite. Elle voulait revivre la volupté qu'elle avait éprouvée dans les bras de Georges.

N'ayant pas envie de faire de grandes études, elle suivit une formation de secrétaire sténodactylographe. Elle envoya son CV à plusieurs entreprises. Comme elle était très belle, élégante et connaissait parfaitement son métier, elle obtint sans difficulté plusieurs offres d'emploi. Elle devait décider laquelle choisir. Il lui restait encore un entretien, après quoi elle ferait son choix. C'était une entreprise spécialisée dans la publicité display. Elle se présenta le lendemain au rendez-vous à l'heure convenue. La personne qui s'occupait du recrutement étant absente, elle fut introduite directement chez le directeur général. Elle entra dans le vaste bureau et vit un homme d'une quarantaine d'années se lever et venir lui serrer la main. C'était une personne de taille moyenne au physique agréable, très élégant.

— J'ai tenu à m'entretenir moi-même avec ma secrétaire, car c'est la personne que j'aurai devant moi presque tout le temps. À part ses compétences professionnelles, il faut qu'elle soit agréable.

Il rit et s'approcha pour lui serrer la main. Régine sourit et au moment où il était à quelques pas d'elle, les effluves d'un parfum très connu l'enveloppèrent. Le parfum dont Georges avait imprégné son bras et tout son être.

— Est-ce que vous allez bien? Vous avez pâli.

— Oui, ça va, excusez-moi.

— Je me présente, Gerhard, directeur général de cette entreprise.

Asseyez-vous, je vous prépare un café.

Il avait une voix agréable, un visage dépourvu de beauté mais intelligent, les cheveux striés d'un peu de gris.

Régine n'aurait pas pu expliquer ce qui l'avait déterminée à accepter sur place ce poste de travail. Était-ce à cause du parfum ou bien de l'attitude bienveillante de M. Gerhard?

Elle s'intégra vite; dynamique, autonome, ponctuelle, elle gagna le respect et la confiance de ses collaborateurs. Gerhard était très fier de sa secrétaire, il plaisantait souvent, disant qu'elle était la cerise sur le gâteau. Mais depuis quelque temps, elle le surprenait la regardant d'une façon étrange, et quand il se rendait compte qu'elle l'observait, il détournait vite la tête. Cela la mettait mal à l'aise, elle craignait qu'il ne lui propose de devenir sa maîtresse. Car elle abandonnerait son poste de travail si cela devait arriver. Même si elle aimait beaucoup ce qu'elle faisait. Un jour, M. Gerhard lui demanda de rester après le travail pour l'aider à mettre de l'ordre dans les documents. Voilà, ça commence, pensa Régine. Mais elle n'eut pas le courage de refuser. Elle était très nerveuse tout l'après-midi, ne pouvant se concentrer sur ses tâches. Elle s'imaginait comment il allait lui dire des âneries et chercher à la toucher. Elle appela sa mère pour la prévenir qu'elle rentrerait tard et lui parla de ses craintes. Sa mère la rassura et lui dit de déclencher l'enregistrement sur son portable, pour avoir des preuves.

Le soir, quand tous furent partis, elle entra dans le bureau de M. Gerhard. Son cœur battait fort dans sa poitrine. Il lui montra une table près de la fenêtre, sur laquelle il y avait un énorme tas de classeurs.

— Pendant que j'étais à la recherche d'une secrétaire, j'ai tout mélangé. Je voudrais que vous m'aidiez à tout classer, parce que désormais c'est vous qui en serez responsable.

Ils travaillèrent dur pendant quelques heures, M. Gerhard était si absorbé par la besogne qu'il oublia de proposer à Régine à boire un verre d'eau. Quand ils finirent tout le travail, il était presque minuit.

— Régine, vous avez fait un travail énorme, vous devez avoir faim et soif, et moi aussi. Je vous invite au restaurant, après je vous déposerai chez vous.

Régine accepta, mais elle était toujours mal à l'aise.

À table, M. Gerhard lui raconta des histoires amusantes de son enfance, qui la firent beaucoup rire. Lorsqu'ils furent dans la voiture, elle osa lui demander:

— Votre épouse n'est pas jalouse, quand vous rentrez tard?

— Je ne suis pas marié. J'ai vécu pendant quelques années avec une jeune femme splendide. On s'aimait beaucoup, j'étais fou d'elle et j'étais très fier qu'elle m'ait choisi. Un jour, au théâtre pendant l'entracte, un homme s'est approché de nous et nous a demandé si nous serions d'accord pour que Dana participe à un casting de modèles. Nous avons tous les deux été d'accord. Moi, par stupidité, je voulais que tous voient comment ma Dana était belle. Elle, par ambition, car c'est le rêve de toute belle jeune femme avec un corps superbe. Elle fut acceptée tout de suite. Recrutée par plusieurs agences de mode, son portrait apparaissait dans les magazines les plus prestigieux. J'en étais très orgueilleux, je montrais ses photos à mes amis et collègues. Je me disais qu'ils étaient jaloux, puisqu'ils ne partageaient pas mon enthousiasme. Mais les horaires de Dana devenaient de plus en plus chargés, elle rentrait tard, se réveillait tard, elle voyageait beaucoup et s'absentait souvent. Quand je lui ai dit que cela ne pouvait plus continuer, qu'elle devrait arrêter, elle m'a répondu qu'elle ne pouvait et ne voulait pas arrêter d'être modèle, que c'était ce qu'elle avait toujours désiré faire et que s'il fallait choisir entre moi et son métier, eh bien, elle savait ce qu'elle choisirait. Nous nous sommes séparés. Il y a eu un moment où je croyais que j'allais mourir de chagrin. Mais j'aime trop la vie, et j'ai continué de vivre. Le paradoxe est que moi, qui ne suis pas beau, je n'aime que les femmes très belles. Quand je vous ai vue, j'ai failli tomber amoureux, mais je me suis arrêté à temps, je me suis dit, calme-toi Gerhard, cette beauté ne voudra jamais de toi.

— Mais si! s'entendit dire Régine. Elle se cacha le visage entre les mains. Qu'est-ce qui lui arrive! Elle est folle! Elle veut oublier Georges!

Gerhard arrêta la voiture.

— Régine, regardez-moi! Pourquoi cachez- vous votre visage?

Vous regrettez ce que vous venez de dire?

— Non, mais moi-aussi, j'ai besoin d'oublier quelqu'un. Et je suis certaine que vous pourriez m'aider.

Ils commencèrent à sortir ensemble. Ils s'entendaient très bien, il la comblait de cadeaux. Il ne lui posait pas de questions sur celui qu'elle voulait oublier. Régine lui en savait gré, et même si elle n'était pas amoureuse de lui, elle se sentait rassurée quand il était près d'elle, elle lui faisait confiance.

— Régine, veux-tu m'épouser? Je sais que tu ne m'aimes pas, mais je sais aussi que tu veux être avec moi, que je te manque lorsque je ne suis pas là. Cela me suffit, car moi je t'aime de tout mon cœur, depuis qu'on est ensemble, je n'ai jamais pensé à Dana, tu as délivré mon âme d'elle. Si tu acceptes d'être mon épouse, je m'engage à faire tout pour que tu ne regrettes une seule fois d'avoir lié ta vie à la mienne.

— Je dis oui, et je m'engage à faire le grand nettoyage dans ton cœur pour qu'il ne reste pas la moindre trace de Dana.

Ils fixèrent la date du mariage. Ce serait un mariage modeste, avec les parents et les amis les plus proches. Ils choisirent un château à la campagne, au paysage très pittoresque...

Elle sauta de son lit, prit vite une douche, un café et sortit dans la rue. Gerhard l'attendait dans la voiture. Ils avaient rendez-vous avec le traiteur qu'il avait engagé pour préparer le repas de noces.

Il l'embrassa avec passion.

— Je respecte ta décision de vivre séparément jusqu'au mariage, mais cela me tourmente. A quarante ans je dois attendre les rendez- vous comme un adolescent.

— J'aime te tourmenter. Mais il ne reste plus que deux semaines, après tu ne pourras plus te débarrasser de moi.

Le château se trouvait à une centaine de kilomètres de leur ville. Il faisait très beau. Le soleil brillait, le ciel était très clair. La deuxième partie du trajet continuait à travers une forêt qui avait une forme bizarre. D'un côté de la route, il y avait une colline couverte d'arbres, il y avait ensuite un terrain horizontal large de quinze mètres dont la route faisait partie et de l'autre côté, la forêt descendait en pente raide. La vue était magnifique. Régine tourna la tête et regarda par la vitre de droite. Elle se rappela sa discussion avec sa mère après qu'elle lui eut annoncé sa décision d'épouser Gerhard.

— Pourquoi veux-tu l'épouser? Il est beaucoup plus âgé que toi.

Même s'il est très riche, il ne te mérite pas.

— Mais ce n'est pas pour son argent, maman, que je veux l'épouser. Je suis bien avec lui. C'est bizarre, mais quand il est avec moi je pense moins à Georges que quand je sortais avec des hommes plus jeunes et plus beaux.

— Georges, Georges, j'en ai marre! Tu n'as jamais manqué d'admirateurs, qu'est-ce qu'il t'a fait pour que tu l'aimes si fort ? Vous n'êtes pas sortis ensemble, il a été indifférent envers toi, il n'a jamais manifesté d'intérêt pour toi. Tu te comportes comme une petite fille qui ne peut pas obtenir le jouet convoité.

— Je ne fais pas de caprices. Mais ce que j'ai senti quand je me suis serrée contre lui, je ne l'avais jamais ressenti ni avant ni après lui. Voilà pourquoi je veux épouser Gerhard. Avec lui je n'ai pas, au moins, besoin de jouer l'amoureuse, il sait que je ne l'aime pas, il m'accepte telle que je suis. Il sait aussi que j'ai besoin de sa protection, et que je le respecte beaucoup.

Dans deux semaines, elle sera mariée. Mais elle n'éprouvait plus le même sentiment de sérénité qu'elle avait eu en se réveillant le matin. Une sorte d'inquiétude confuse s'empara d'elle.

— Chérie, ça va? la main de Gerhard toucha doucement son genou.

Régine tourna la tête pour lui sourire et poussa un cri de terreur : une biche venait de sauter au milieu de la route juste devant la voiture. Pris au dépourvu, Gerhard voulut éviter l'animal et fit un virement à droite. Mais le geste fut trop brusque et la voiture fut propulsée en toute vitesse dans un arbre…

***

— Elle a ouvert les yeux! Nathalie, l'infirmière de garde, fit irruption dans le cabinet du Docteur Ruche, médecin en chef du service de réanimation. Elle a enfin ouvert les yeux, répéta-t-elle.

Le Docteur Ruche ne demanda pas de qui elle parlait. Il savait. C'était Régine, la patiente qui, depuis plus d'un mois, était dans le coma. Des conducteurs avaient découvert une automobile qui était entrée dans un arbre. Il y avait deux personnes dedans, mais il était impossible de les en retirer, car les portes étaient bloquées. Ils avaient appelé les pompiers qui durent scier les portes pour en sortir deux corps ensanglantés. Un homme et une femme. Lui était mort sur place, le bout d'une grosse branche de l'arbre avait cassé le pare-brise et lui était entré dans la tête. Elle était inconsciente, mais le pouls, très faible, les poussa à l'emmener à toute vitesse aux urgences, où elle fut prise en charge par l'équipe médicale. On lui fit un scanner cérébral et une radiographie du crâne et on constata qu'elle avait une contusion cérébrale accompagnée d'hématomes associés à des saignements dans certaines parties du cerveau ainsi qu'une fracture du crâne et de la colonne vertébrale avec atteinte de la moelle épinière. Il fallait l'opérer immédiatement. On l'emmena en salle d'opération. La course contre la montre s'engagea. L'opération dura dix heures. Abel Leroy, le chirurgien et toute son équipe étaient exténués. Il avait mal aux yeux, la tête lui tournait, les jambes étaient gonflées. Il voulait aller aux toilettes, prendre un café et se reposer. Mais il savait que les parents de la patiente étaient dans la salle d'attente, il devait leur parler. Pendant que l'anesthésiste s'occupait du transfert de la patiente en salle de réveil, le Docteur Leroy se dirigea vers la salle d'attente. Il opérait aux urgences depuis trente ans déjà, mais il appréhendait toujours la rencontre avec les parents des patients. Il leur parlait franchement, leur expliquait la situation, les risques et les chances. Les uns pleuraient, d'autres s'évanouissaient, d'autres encore le menaçaient, le traitaient de tous les noms; certains le remerciaient. À quel traitement aurai-je droit aujourd'hui, se demanda-t-il en ouvrant la porte. Il les vit et sympathisa avec eux tout de suite. Ils étaient dans un coin de la salle agenouillés depuis le début de l'opération et priaient. Leurs visages très pâles exprimaient une douleur immense, ils étaient très humbles et très dignes en même temps. Abel Leroy s'approcha doucement. Ils ne le remarquèrent pas parce qu'ils avaient les yeux fermés. La femme était de la même beauté exquise que sa fille, les mêmes cheveux roux, les mêmes traits réguliers et distingués du visage. Il s'agenouilla en face de la mère de Régine, lui prit tendrement les mains et les embrassa l'une après l'autre. Elle garda les yeux fermés, n'ayant pas le courage de voir l'expression de celui qui était assis en face d'elle.

— Mme Muller, dit-il tout doucement, je suis Abel Leroy, le chirurgien, je viens d'opérer votre fille. Voulez-vous venir dans mon bureau avec votre mari? M. Muller, accompagnez votre femme dans mon bureau, je vous prie.

Mais il dut les aider à se lever car ils avaient les jambes ankylosées et ne pouvaient pas marcher. Lui-même avait l'impression qu'il tomberait dans les pommes.

Il les installa dans deux fauteuils en face de lui, la secrétaire leur apporta des cafés chauds, mais personne n'y toucha.

— Madame, Monsieur Muller, je vais vous parler franchement. À ce moment-là, Mme Muller leva la tête et Abel fut frappé par la beauté de ses yeux émeraude qui le regardaient avec espoir et confiance. Votre fille a été amenée chez nous dans un état très grave. Les investigations ont montré qu'elle avait des fractures au crâne et à la colonne vertébrale. Intervenir chirurgicalement en pareil cas avant la sixième heure est vital, mais on a eu au moins deux heures de retard. Cela veut dire qu'elle pourrait avoir des troubles neurologiques, que ses membres inférieurs pourraient être paralysés. Maintenant, elle est en surveillance post- opératoire. On pourra se faire une idée de son état quand elle sera réveillée et qu'on pourra vérifier ses réflexes.

Mais Régine sombra dans le coma. Pendant un mois et demi ses parents se relayaient jour et nuit à son chevet, ils lui parlaient, lui lisaient des poésies, lui faisaient écouter de la musique classique…

…Ce jour-là Mme Muller était au chevet de sa fille, elle lui caressait les cheveux et comme d'habitude lui racontait une histoire de sa vie:

— Te rappelles-tu, chérie, lorsque tu avais cinq ans, ton père t'a invitée au restaurant. Tu étais très émue et tu voulais être très élégante. Tu ne savais pas quelle robe mettre, à la fin tu as choisi une très jolie robe violette.

— Non, rose...

Mme Muller ne pouvait pas en croire ses oreilles: ses deux mots avaient été prononcés à peine audible par sa fille. Elle retint sa respiration en attendant qu'elle dise encore quelque chose. Mais le visage de Régine restait inerte et elle se dit que c'était une hallucination.

— Nathalie, dit-elle à l'infirmière de garde qui était entrée pour vérifier si tout allait bien. J'ai eu l'impression que Régine a prononcé un mot tout à l'heure.

— Vous êtes exténuée, Mme Muller. En se dirigeant vers la porte, Nathalie jeta encore un coup d'œil à Régine et elle resta pétrifiée. Régine avait ouvert les yeux et fixait un point invisible au plafond. Nathalie sortit en courant annoncer la nouvelle au Docteur Ruche qui se précipita pour voir Régine. Il savait que la période du réveil était très délicate. Chaque fois qu'un de ses patients se réveillait du coma, l'incertitude triplait. Quel degré de réveil le patient atteindra-t-il? Combien de temps durera cette phase? Les séquelles subsisteront- elles? Il se pencha et regarda les yeux vides de Régine.

— C'est un réveil partiel, Mme Muller, elle a ouvert les yeux, mais elle n'est pas près d'être complètement avec nous.

— Est-ce qu'elle pourrait replonger dans le coma?

— Non, mais il faudra y aller tout doucement. Nous allons établir des objectifs pour guider la rééducation.

***

Le réveil de Régine avait duré quelques jours. Elle ouvrait les yeux et son regard errait sans rien voir ni reconnaître personne. Ensuite elle replongeait dans un sommeil agité. Un matin elle tourna la tête vers sa mère:

— Maman, où est Gerhard? Je n'ai pas entendu sa voix...

— Régine, mon cœur, tu t'es réveillée! Oh, mon Dieu!

Madame Muller faisait des efforts colossaux pour retenir ses larmes.

— Maman, je sais que quelque chose de très grave m'est arrivé. J'ai assisté à l'opération que mon corps subissait, j'ai vu les médecins s'affairer autour de mon corps. Je sentais ta présence et celle de papa quelque part, mais j'avais peur de quitter la salle d'opération, d'abandonner mon corps. Puis je l'ai suivi jusque dans la salle de réveil. Je regardais les infirmières brancher des tuyaux qui sortaient de mon corps à un appareil et soudain, j'ai été aspirée dedans. La plupart du temps je dormais, mais très souvent je vous entendais, toi et papa me parler, j'écoutais de la musique. Mais pas une seule fois, je n'ai entendu Gerhard. Maman, s'il te plaît, parle-moi de ce qui m'est arrivé, de Gérhard. Je ne veux pas entendre cela de quelqu'un d'autre.

— Régine, toi et Gerhard avez subi un accident, votre voiture est entrée dans un arbre. Gerhard est mort sur place.

Régine se taisait, mais les larmes ruisselaient de ses yeux. Comment accepter le fait qu'elle ne verrait plus Gerhard qui aimait tant s'occuper d'elle, de la réconforter?

La porte s'ouvrit doucement et le Dr Ruche entra dans la salle.

— Bonjour, Régine, je suis Docteur Ruche, me reconnaissez- vous?

— Vous me rappelez quelqu'un mais pour l'instant je ne peux pas me rappeler votre nom.

— Je suis Grégoire, l'ami de Georges, vous souvenez-vous de lui?

Régine rougit légèrement, mais elle était trop bouleversée par la mort de Gerhard, et elle réalisa que s'il avait été en vie et qu'elle devait choisir entre lui et Georges, c'est Gerhard qu'elle aurait choisi, parce qu'elle ne voulait plus de passion, elle avait besoin d'être aimée, elle avait besoin de sérénité.

— Docteur, dites-moi franchement, quelle est ma situation? Je ne sens pas mes jambes... Est-ce que cela veut dire que je suis paralysée?

— Calmez-vous, Régine. Vous avez été dans le coma pendant un mois et demi, vos jambes devraient être ankylosées. On va vous faire des examens.

Les examens montrèrent que Régine avait les deux jambes paralysées. Elle passerait tout le reste de sa vie dans un fauteuil roulant. Un jour, quand ses parents vinrent comme d'habitude chez elle, Régine les invita à prendre place à côté d'elle.

— J'ai beaucoup réfléchi depuis que j'ai appris que j'étais paralysée. Je ne peux pas accepter un pareil sort. Comment passer tout le reste de ma vie dans un fauteuil roulant, vous obliger à vous occuper de moi? Je vous implore, aidez- moi à obtenir l'autorisation d'être euthanasiée.

André Muller devint blanc comme un linge, mais Viviane, sa femme éclata en sanglots.

— Oh, Régine, quand tu as eu ton accident nous avons cru que nous t'avions perdue, et maintenant que Dieu t'a ressuscitée, comment te perdre définitivement?

— Essayez de penser à moi, ce n'est pas dans un fauteuil roulant que j'imaginais ma vie. J'ai voulu me marier, avoir des enfants, les élever, jouer avec eux, travailler... Je n'aurais jamais tout cela. Que vais-je faire désormais? Lire? Tricoter? Je ne veux pas vivre comme ça! Je ne peux pas!

— Mon enfant chérie, tes paroles déchirent mon cœur. Mais je te comprends et te soutiens comme je l'ai toujours fait. Seulement, donne-nous le temps de nous habituer avec cette idée, laisse-nous nous occuper un peu de toi. Après on fera ce que tu voudras quand tu l'auras décidé.

— Merci! Si vous saviez combien je vous aime...

Les paroles de sa mère apaisèrent Régine. Elle savait qu'elle pouvait compter sur eux. Elle fera tout ce qu'elle pourra pour que le peu de temps qu'ils passeraient ensemble reste dans leur mémoire comme un souvenir agréable.

Elle faisait des efforts surhumains pour être de bonne humeur en présence de ses parents. Ils parlaient surtout de son enfance, jouaient aux échecs, aux jeux de cartes, lisaient. Ses parents l'emmenaient se promener dans le parc de l'hôpital. Mais après leur départ, elle ne parlait à personne, elle ne voulait voir personne et avait refusé les visites de ses collègues. Elle ne mangeait pas, ne prenait pas ses médicaments. Elle restait avachie pendant des heures sur son lit, le regard vide. Elle déroulait dans sa tête le film de sa vie qu'elle avait divisée en plusieurs périodes: petite enfance, enfance, puberté, adolescence, jeunesse. Elle pensait beaucoup à la mort qui délivrerait son âme de la prison de ce corps handicapé.

***

Georges se réveilla de bonne heure. Avec le même sentiment d'inquiétude qui le possédait depuis qu'il travaillait chez M. Octopode. Il avait peur de lui. Il était certain que cet homme-là était capable de détruire le genre humain si cela lui convenait. Georges se rendait compte que le laboratoire dans lequel il travaillait n'était qu'un laboratoire parmi d'autres, dans lesquels on produisait des virus de différentes maladies, pour détruire l'humanité. Qu'on se servait des gens comme cobayes. Car M. Octopode considérait que la terre était surpeuplée, que beaucoup ne rendaient aucun service à la société. Il pressait Georges dans ses recherches, il était impatient qu'on lui injecte le virus positif qui le guérirait, le rajeunirait et le rendrait immortel. Il descendait chaque soir dans le laboratoire et l'accablait de questions, analysait les comptes-rendus écrits. Georges prenait soin de coder toutes les informations, et quand M. Octopode lui demandait des explications, il lui présentait des données erronées. Il fallait être très prudent, pour que M. Octopode ne se doute de rien. Il était très intelligent et très sceptique, son regard presque blanc le scrutait pendant qu'il l'écoutait et Georges avait la sensation qu'il lui scannait le cerveau. Il se savait surveillé, il était obligé de faire très attention. Il s'était procuré un détecteur des caméras vidéo et des appareils d'écoute. Il avait besoin de travailler chez lui pour perfectionner ses recherches. Il s'était fabriqué une cachette et chaque nuit, avant d'aller se coucher, il y rangeait ses études. Il ne pouvait parler à personne du cauchemar qu'il vivait. Son unique espoir était le produit qu'il avait presque obtenu, il lui fallait seulement l'essayer sur quelqu'un pour s'assurer de son efficacité. Mais ce jour-là, il était libre. C'était dimanche et il avait dit à son patron qu'il fallait vingt-quatre heures d'incubation pour la nouvelle protéine qu'il avait créée. Il voulait rendre visite à son ami Grégoire. Ils ne s'étaient pas vus depuis très longtemps. Georges était très intrigué, son ami lui avait dit qu'il voulait lui présenter quelqu'un. Comme Grégoire était de service, il irait directement au service de réanimation dont il était le médecin chef. Il aurait tellement voulu parler à son ami de la situation difficile dans laquelle il se trouvait…

— Georges, te souviens-tu de Régine, la fille qui a dû quitter le lycée à cause d'un pari?

— Régine? Bien sûr que je me souviens d'elle. Est-ce qu'on pourrait oublier une fille comme elle? Mais pourquoi me parles-tu d'elle? L'as-tu vue?

— Régine est depuis quelques mois dans notre hôpital. Elle a eu un accident de voiture, son fiancé est décédé. Elle est sortie du coma il y a trois semaines. Mais peut-être qu'il aurait été mieux pour elle d'être morte.

— Pourquoi?

— Parce qu'elle a les membres inférieurs paralysés, elle ne pourra jamais marcher. Elle exige d'être euthanasiée.

— Est-ce que je peux la voir?

— Régine ne veut voir personne, à part ses parents. Elle ne voudra pas que tu la voies comme ça, dans cet état-là. Parce que je pense qu'elle a été très amoureuse de toi.

— Grégoire, je dois la voir. Trouve-moi un moyen de la voir tout de suite, je t'en prie!

— OK, on va voir ce qu'on peut faire. Après quelques réflexions, Grégoire sortit de son armoire une tunique médicale bleu et blanc, un pantalon blanc, des sabots perforés blancs, un bonnet blanc et un masque de protection.

— Comme ça, j'espère qu'elle ne te reconnaîtra pas. Je ne sais pas pourquoi tu veux la voir maintenant qu'elle est handicapée, tu n'as jamais essayé de la retrouver. Je te préviens, ne la perturbe pas.

***

Régine s'était assoupie. Il lui arrivait souvent de plonger dans le sommeil. Son corps était exténué. Elle aimait s'endormir, elle aurait préféré dormir tout le temps, échapper à la réalité. Elle faisait des rêves dans lesquels elle marchait, courait, dansait. Et elle était toujours avec Gerhard. Il ne lui parlait pas, il la serrait très fort dans ses bras et ses yeux exprimaient tant d'amour que Régine se croyait la plus heureuse au monde. Mais dans chaque rêve, à un moment donné, il disparaissait, la laissant seule au milieu d'une forêt obscure. Elle avait peur, l'appelait, voulait courir à sa recherche, mais ses jambes étaient lourdes et elle ne pouvait pas bouger. Alors elle se réveillait en sursaut et la réalité était encore plus effrayante. Cette fois-là, Régine rêvait qu'ils étaient au château où ils devaient fêter leur mariage. Ils attendaient le traiteur pour discuter du repas de noces. Il faisait très beau, le soleil brillait, des oiseaux chantaient, des abeilles bourdonnaient, des papillons de toutes les couleurs volaient dans les airs. Régine sentit quelque chose lui frôler les jambes. Elle se retourna et vit une biche qui s'était arrêtée non loin et la regardait. Elle avait de grands yeux noirs, une petite tête posée fièrement sur son long cou délicat. Régine fit un pas vers elle pour la caresser. Mais la biche fit un bond de côté, s'éloigna un peu, s'arrêta et la regarda de nouveau. Régine avança prudemment vers l'animal la main tendue, Gerhard sur ses pas. Mais dès qu'ils approchaient un peu, la biche s'éloignait. Régine tentait de la toucher, elle en éprouvait presque un besoin. Tout à coup, Régine se rendit compte qu'ils étaient arrivés au même endroit obscur de la forêt. La biche n'était nulle part. Alors Régine se rappela que dans les rêves précédents c'était à cet endroit-là que Gerhard disparaissait. Elle décida de ne plus le perdre, se tourna vers lui et le serra dans ses bras. «Ne me quitte pas, Gerhard, ne me quitte pas.» Gerhard ouvrit la bouche pour lui répondre, mais il jeta un coup d'œil derrière Régine et s'arrêta, stupéfait. Régine se tourna pour voir ce que Gerhard avait vu. Il n'y avait personne, mais elle sentait une présence qui lui faisait peur. Elle se retourna vers Gerhard pour chercher sa protection, mais il avait déjà disparu. Effrayée, elle voulut se mettre à courir, mais ses jambes ne lui obéissaient pas, elle ouvrit la bouche pour hurler, mais aucun son ne sortit de ses lèvres. Et cette présence approchait encore et encore, elle le savait, même si elle ne la voyait pas. Elle lui prit les mains et les serra doucement. Prise de panique, Régine fit un effort surhumain et ouvrit les yeux. Pour rencontrer le regard profond et troublant de quelqu'un qui s'était penché vers elle et lui tenait les mains. Un regard qui l'avait hantée pendant des années. Elle se dit qu'elle continuait de rêver et que la présence qui avait chassé Gerhard et lui avait fait peur s'était matérialisée et pris les formes de celui qu'elle avait tant voulu oublier. Elle se débattit voulant libérer ses mains pour chasser le fantôme, mais celui-ci arracha le masque qui cachait une partie de son visage et lui sourit tendrement:

— Bonjour, Régine, te souviens-tu de moi? Je suis Georges.

Ahurie, Régine regardait l'homme qui se tenait près de son lit encore plus beau et plus séduisant que dans ses souvenirs. Combien de fois avait-elle imaginé leur rencontre! Pendant des années, elle avait attendu qu'il vienne la chercher, elle savait par cœur les mots qu'elle lui aurait dit... Et maintenant le voilà, devant elle, dans toute sa splendeur! Comment a-t-il pu oser venir la tourmenter après que son ami lui eut dit qu'elle était handicapée! Pense-t-il qu'elle ait besoin de sa compassion?

Régine se sentait si humiliée qu'elle ne pouvait prononcer un mot. Les larmes ruisselaient sur son visage. Elle tourna doucement la tête vers le mur.

— Va-t'en! S'il te plaît, va-t'en!

— Régine, je sais ce que tu dois penser et ressentir à mon sujet. Mais crois-moi, je ne suis pas venu ici pour t'humilier ni pour t'offrir ma sollicitude. Je suis venu me confesser à toi. Personne, à part mes parents, qui ne sont plus de ce monde, ne connaît mon calvaire. Même Grégoire qui est mon meilleur ami. De nous deux, c'est moi le plus handicapé. Toi, au moins, tu as connu l'amour physique, ce que c'est d'embrasser une personne que tu aimes, d'éprouver le plaisir sexuel. Moi je n'ai jamais connu cela. Quand j'étais petit, j'ai souffert d'une forme de parotidite très rare qui a détruit mon organe génital. Je n'ai jamais eu d'érection. Toucher une fille ou un garçon ne m'excitait pas. Je regardais des films pornos dans l'espoir d'éprouver quelque chose. J'ai accepté ton invitation espérant qu'une fille comme toi m'aurait stimulé. Si tu savais comment j'en souffrais, comment j'avais peur d'être ridiculisé! Voilà pourquoi je feignais d'être narcissique, c'était ma seule arme.

Régine écoutait et ne pouvait en croire ses oreilles. Elle éprouvait une immense tendresse envers cet homme qui était si malheureux. Seul au monde à porter une croix aussi lourde...

— Où puises-tu la force pour continuer de vivre? Moi, j'ai jeté l'éponge.

— Je fais des recherches pour trouver le moyen de corriger le code ADN. Si je réussis, dans quelques années, il n'y aura ni malades ni handicapés. Et tu pourras marcher de nouveau.

— Et toi? Pourras-tu faire quelque chose pour toi?

— Je n'ose pas y penser, car ma maladie date depuis mon enfance. Mais si cela réussit, je te ferais l'amour jour et nuit, pour récupérer, plaisanta-t-il.

Régine sourit et un frisson parcourut tout son corps. Elle n'arrivait pas à accepter l'idée que Georges était handicapé.

— Régine, promets-moi de prendre le plus grand soin de toi, de ne plus penser à la mort. Fais-moi confiance. Et ne parle à personne de mes recherches, c'est dangereux.

Le lendemain quand ses parents vinrent, comme d'habitude, ils furent agréablement surpris de la voir de très bonne humeur. Elle leur déclara qu'elle voulait des produits de soin pour le visage et le corps, des livres à lire, beaucoup de promenades et beaucoup de fruits frais.

En sortant de chez Régine, Georges ne se dirigea pas directement vers le bureau de son ami Grégoire, mais s'arrêta devant la fenêtre de la salle d'attente. Il avait besoin de se calmer, car il était trop ému et la tête lui tournait. Il avait admiré Régine pendant son sommeil agité, son visage avec ses traits fins, ses cheveux roux répandus sur l'oreiller. Et quand elle avait ouvert les yeux, il fut fasciné par leur couleur émeraude. Comme elle était belle! Georges avait l'impression de se trouver devant un chef d'œuvre. Et malgré le fait qu'il n'éprouvât pas de désir, il se sentait subjugué par sa beauté. Elle ne se plaignait pas, car elle avait déjà pris la décision de mourir. Il voulait l'aider et sa première pensée fut de la prendre comme bénévole dans ses recherches. Mais quelques instants après, une autre idée commença à germer dans son esprit. Georges entra précipitamment dans le bureau de son ami.

— Grégoire, je voudrais savoir en détail l'état de santé de Régine.

— Régine souffre de paraplégie, mais heureusement pour elle, elle n'est pas associée à des troubles vésico-sphinctériens ni génito- urinaires. Cela veut dire que son corps a gardé ses fonctions reproductives.

Pourquoi t'y intéresses-tu?

— Je veux l'épouser.

— Est-ce que tu parles sérieusement? Est-ce que tu réalises tous les soins dont elle a besoin: la laver, lui changer les couches, les tampons quand elle aura ses règles... Es-tu prêt à assumer des tâches pareilles?

— Oui, je suis prêt. Et puis, Régine a ses bras valides, elle pourra très bien se débrouiller.

***

Georges était enragé. Il aurait pu s'injecter à lui-même et à Régine le virus positif; ils seraient les premiers à en tester les effets. Mais il avait peur d'être surveillé, et si les résultats de l'expérience étaient bons et si Octopode l'apprenait, il l'obligerait à le lui injecter. Et si cela arrivait tout serait perdu. Il détestait Octopode de tout son cœur. Il lui fallait trouver une solution. Toutes ces pensées tournaient dans sa tête pendant qu'il conduisait sa voiture en rentrant de l'hôpital. Soudain, il remarqua, assis sur le bord de la route, un garçon d'une dizaine d'années, mal vêtu, sale et affaibli. Il se tenait adossé au tronc d'un arbre le regard perdu. Georges arrêta la voiture, sortit et s'approcha du garçon.

— Salut, j'ai très faim, veux-tu me tenir compagnie, il y a, pas trop loin d'ici, un café où l'on pourrait prendre un bon repas.

Le garçon posa son regard sur Georges. Il y avait de la méfiance dans ses yeux, mais bientôt la faim prit le dessus. Il suivit Georges et prit place dans la voiture. Le gamin avait tellement faim qu'il dévora tout ce que Georges avait commandé pour lui. Quand il eut fini, Georges lui demanda:

— Comment t'appelles-tu?

— Théo.

— Très beau prénom. Qui attendais-tu, Théo, sur le bord de la route? Veux-tu que je te ramène là-bas?

Théo secoua la tête sans le regarder.

— Est-ce que tu es seul? T'es-tu perdu?

—Je n'ai pas de parents. J'habitais dans un orphelinat. Mais je me suis échappé. Ils étaient très méchants avec nous.

— Qui?

— M. Laurence et M. Caduc. Chaque soir ils emmenaient dans leur chambre des garçons pour «jouer». Ils nous disaient que si nous en parlions à qui que ce fût, ils nous tueraient. Je n'ai pas pu le supporter et un jour, il y a quelques semaines, je me suis caché dans le camion qui, une fois par mois, approvisionnait l'orphelinat en fruits et légumes. Depuis, je fouille les poubelles pour trouver quelque nourriture.

— Théo, j'habite seul, si tu veux, tu pourrais venir habiter chez moi.

— Non, non, répondit Théo, effrayé.

— N'aie pas peur, Théo, je ne suis pas comme Laurence ou Caduc. Mais c'est toi qui décides.

— Vous ne me dénoncerez pas à la police?

— Rassure-toi. Je vais te montrer où j'habite. Si un jour tu as besoin de quoi que ce soit, tu sonnes mon nom sur l'interphone.

Et le soir- même, Théo sonna chez Georges. Il pleuvait très fort, il faisait froid. Le garçon était tout trempé et claquait des dents. Il le regardait comme un chien battu. Georges le fit monter chez lui, lui donna une serviette propre, un pyjama trop large et le conduisit dans la salle de bain. Pendant que le garçon prenait une douche, il lui prépara une omelette, un thé chaud au miel et au citron. Et il essayait de contenir l'idée qui naissait dans sa tête.

***

Georges était avec M. Octopode dans le laboratoire devant un grand écran. Tous les appartements des bénévoles étaient dotés de caméras vidéo minuscules d'où l'on pouvait tout observer sans que les bénévoles ne s'en rendent compte.

— Ce patient souffrait d'un cancer de la prostate au quatrième stade. J'ai réussi à corriger le fragment de l'ADN responsable de la maladie. Les métastases et les tumeurs ont disparu. Il est complètement guéri, il est actif, mange, dort. Il faudrait quelques mois pour voir si la maladie ne récidive pas. L'autre sujet est une dame atteinte de la maladie d'Alzheimer. Mêmes résultats. Elle est très lucide, elle lit, écrit, fait des mots croisés.

Sur l'écran, une femme faisait sa toilette, s'habillait. Tous ses mouvements étaient précis, elle avait le regard clair et conscient.

— Les autres sujets sont des personnes souffrant de la maladie Parkinson, de tuberculose, de sida, de leucémie. Pour toutes ses maladies j'ai réussi à corriger les segments d'ADN qui en étaient responsables.

— Et les tétraplégiques?

— Il y a en a deux. Celui qui est né avec ce handicap, a guéri, mais celui qui est devenu tétraplégique suite à un accident continue de rester handicapé. Reste à savoir si le virus positif que je suis en train de créer et qui agira sur tout le code ADN sera efficace. Georges eut un pincement au cœur. Il avait essayé de corriger le fragment de l'ADN qui était responsable de son impotence et de sa stérilité mais sans aucun résultat. Il pensa à Régine. Il lui avait promis qu'elle marcherait un jour. Et si même le virus positif n'était pas efficace?

***

Georges entra dans la chambre de Régine avec un énorme bouquet de roses. A chaque visite, il remarquait que Régine devenait encore plus belle et plus sûre d'elle-même. Il savait que c'était grâce à lui et cela le rendait très fier. Cette fois il vit un homme et une femme près du lit de Régine. La femme ressemblait beaucoup à Régine et Georges comprit que c'étaient ses parents.

— Maman, papa, c'est Georges, Georges, je te présente mes parents.

— Madame, Monsieur, je suis enchanté de faire votre connaissance.

Viviane prit les mains de Georges dans les siennes.

— Je ne vous remercierai jamais assez d'avoir redonné le goût de vivre à notre fille, Georges.

Georges s'agenouilla devant le lit de Régine, lui prit la main et ouvrit un écrin dans lequel il y avait une bague de fiançailles en or et platine avec un joli diamant rouge.

— Régine, veux- tu m'épouser? Si tu acceptes je serai le plus heureux au monde et je ferai tout pour que tu ne le regrettes pas.

— Oui, j'accepte et je suis sûre que je ne le regretterai jamais.

André Muller mit une main sur la tête de sa fille et l'autre sur la tête de Georges et dit solennellement tandis que sa femme pleurait doucement:

— Que Dieu vous bénisse, nos enfants!

Le mariage eut lieu dans un restaurant très branché. On avait invité les amis et les parents les plus proches. Grégoire était le témoin et Théo le garçon d'honneur. Georges avait commandé pour Régine une chaise haute de forme cylindrique de la longueur de ses jambes, munie d'une selle et de petites roues et de chaque côté, des ceintures de sécurité. Il installa Régine dans la selle, fixa ses jambes le long de la chaise avec les ceintures de sécurité. Viviane l'aida à lui mettre la robe de mariée longue jusqu'au plancher. En regardant Régine, elle semblait tenir debout. Georges la prit par la main et les roues glissèrent doucement.

— Oh, Georges, j'ai des vertiges!

Il l'entraîna devant un grand miroir. Ils étaient magnifiques tous les deux.

— Comme tu es belle, Régine!

— Et toi, tu es merveilleux, Georges. Nous sommes le plus beau couple des mariés qu'on ait jamais connu!

— Et le plus bizarre...

Ils se regardèrent un moment et éclatèrent de rire.

***

— Mes félicitations, Georges, on m'a dit que tu t'étais marié? M. Octopode était descendu à l'improviste dans le laboratoire. Mais si je me rappelle bien, tu aurais un handicap? Ou bien as-tu réussi à t'en débarrasser à mon insu?

— Non, je n'ai pas réussi à m'en débarrasser. Un éclair de jubilation traversa le regard de M. Octopode. Pour le moment je n'arrive pas à guérir les handicaps physiques acquis.

— Et ton épouse est paraplégique. Quel est le sens de votre mariage?

— Elle avait décidé de mourir. Je lui ai donné de l'espoir.

— Tu espères vous injecter le virus positif?

— Oui, je l'espère bien.

M. Octopode le fixa longuement de ses yeux presque blancs. Son regard était encore plus froid et cruel que d'habitude. Georges s'efforça de soutenir son regard, mais il comprit que M. Octopode ne permettrait jamais que lui et sa femme guérissent, sinon ils deviendraient une menace pour lui.

Régine habitait encore chez ses parents et lui et Théo dans son appartement. Il avait acheté une grande maison pour qu'ils y vivent tous ensemble, mais Régine a voulu faire des travaux de rénovation et la décorer à son goût. De retour chez lui, il vérifia soigneusement, comme d'habitude, s'il n'y avait pas de caméras vidéo ou des enregistreurs. Ensuite, il prépara tout ce dont il aurait besoin avant que Théo ne soit rentré de l'école. Il avait des remords et culpabilisait, mais il n'avait pas le choix.

— Théo, viens voir, j'ai une surprise pour toi, dit Georges au garçon après le dîner.

— Tu me parais un peu bizarre aujourd'hui, Georges. On dirait que quelque chose te tracasse. Et pourquoi portes-tu un masque de protection?

— Je suis plus fatigué que d'habitude et je suis enrhumé.

Regarde, c'est une encyclopédie des oiseaux du monde.

— Oh, merci! Théo ouvrit le livre et commença à le feuilleter. Georges l'observait, tendu. Soudain le garçon laissa tomber le livre de ses mains et s'évanouit. Georges eut un soupir de soulagement. Il avait imprégné les pages du livre d'une substance inodore très forte qui provoquait un profond évanouissement. Il s'empara d'une seringue et injecta le liquide dans l'artère carotide du garçon. Le liquide de la seringue contenait une puce minuscule qui devait se fixer sur un récepteur se trouvant sur la membrane du neurone post-synaptique. Cette fixation devrait modifier l'activité du neurone post- synaptique et permettre la transmission du message contenu dans la puce. La puce avait un code et on pouvait vérifier les pensées et les actions de celui qui la portait. Il fallait attendre le réveil de Théo pour vérifier le résultat. Georges se dirigea vers la cuisine, ouvrit le four et en sortit les plaques de cuisson. Il prit celle du milieu, l'ouvrit doucement et en retira un panneau de commande: il prenait toujours des précautions. Il l'alluma et le code de la puce de Théo apparut sur l'écran. George mit un casque, prit le microphone et dit:

— Théo, tu es mon serviteur fidèle et mon assistant dans les recherches scientifiques. Personne d'autre ne pourra te dire qui tu es, à part moi, tu n'obéiras qu'à ma voix.

La puce contenait les informations et les compétences nécessaires à un assistant. Georges éteignit le panneau de commande, l'introduisit à l'intérieur de la plaque de cuisson qu'il remit dans le four, dont il ne se servait jamais. Il ne pouvait pas réprimer son sentiment de culpabilité, c'était comme s'il avait violé ce petit garçon qui l'aimait comme son frère aîné et lui faisait confiance. Quelques minutes plus tard, Théo ouvrit les yeux. Quand il tourna la tête vers Georges, son regard exprimait de la peur.

— Comment t'appelles-tu?

— Théo.

— Et moi, qui suis-je?

— Mon maître et mon coordinateur scientifique.

— Appelle-moi Georges. Tu n'iras plus à l'école, tu disposes de toutes les connaissances utiles à ton travail. Sais-tu ce qu'on étudie à présent?

— Le moyen de corriger le code ADN, pour que les gens soient parfaits.

— Très bien. Mais personne ne doit le savoir.

Georges était bouleversé. Théoriquement, il savait comment devrait fonctionner la puce. Mais voir Théo dans le rôle qu'il lui avait donné, dépassait toute attente. Il resta près du garçon, car il voulait voir son comportement. Il ne voulait pas faire de lui un robot qui attende des commandes pour agir, il lui avait laissé la liberté de s'occuper de ses activités préférées. Théo se leva doucement, regarda Georges comme s'il attendait sa permission. Mais comme celui-ci faisait semblant de regarder ailleurs, il alla dans sa chambre dessiner à l'aquarelle.

Georges se leva et commença à faire les cent pas dans la pièce. Il était surexcité. C'était une chance extraordinaire de se débarrasser de M. Octopode. Il lui fallait attendre au moins deux semaines pour vérifier l'efficacité de la puce.

***

Ce jour-là, Georges se présenta au laboratoire comme d'habitude. Mais il était très nerveux. Il avait apporté avec lui le panneau de commande et des seringues avec le fameux liquide. Il avait tellement peur de M. Octopode que la seule pensée de l'affronter le mettait dans tous les états. Il devait se calmer. Le soir, M. Octopode viendrait discuter avec lui comme il le faisait régulièrement. Mais ce dernier descendit à l'improviste vers midi quand Georges s'apprêtait à aller déjeuner. Il était très pâle et agité.

— Depuis des années, je te paye des sommes colossales et j'ai l'impression que tu ne fais rien. J'ai très mal à l'estomac, j'ai vomi. Il faut que tu me fasses une prise de sang pour trouver de quoi je souffre et me guérir.

— Calmez-vous, Monsieur Octopode, je vous avais proposé de vérifier votre état de santé, mais vous m'aviez répondu que vous n'étiez pas mon cobaye. Asseyez-vous, je vais préparer la prise de sang. En attendant, vous pourriez feuilleter ce dossier, j'ai obtenu quelques résultats intéressants. En déposant devant lui le dossier dont les pages étaient imprégnées d'une substance inodore, Georges ne put maîtriser ses mains qui tremblaient légèrement. M. Octopode s'en aperçut et eut un accès de colère:

— Qu'est-ce qu'il t'arrive? Il avait pris un ton grossier, c'était la première fois qu'il le voyait dans cet état-là. — Tu as bu ou quoi? Comment penses-tu me faire cette prise de sang? Ces derniers temps, je ne suis pas du tout content de ton travail. Avant, tu restais travailler très tard, tu dormais au laboratoire, mais depuis que tu as abrité ce bâtard chez toi et surtout depuis que tu es marié, tu n'es présent ici que quelques heures par jour. À partir d'aujourd'hui tu travailleras en compagnie de deux assistants, auxquels tu expliqueras toutes tes actions, car je suis sûr que tu me caches quelque chose.

Georges ne répondit rien, il serra les dents et alla préparer les éprouvettes. Soudain, il entendit un bruit de chaise renversée. En se retournant, il aperçut M. Octopode qui gisait par terre évanoui. Georges le regardait stupéfait. Il avait beau se dire que M. Octopode était bel et bien évanoui, il ne pouvait faire un seul pas. Cet homme lui inspirait une terreur qui le paralysait sur place. Il resta les yeux fixés sur lui. Georges s'imposa néanmoins d'agir. Il se dit que s'il manquait cette occasion-là, il n'en aurait peut-être pas une autre. Il inspira et expira profondément et alla chercher dans son sac la seringue. Il devait agir en sorte de ne pas éveiller les soupçons, s'il était surveillé. Il lui injecta soigneusement le liquide contenant la puce minuscule dans l'artère carotide, et alla chercher le panneau de commande. Les mains lui tremblaient. L'expérience avec Théo avait réussi, mais si avec M. Octopode ça ne marchait pas? Il le tuerait, Georges en était sûr... Il alluma le panneau de commande, composa le code de la puce de M. Octopode, prit le microphone et enregistra la commande suivante: «Je suis ton maître, toi, tu es mon esclave, tu te soumets à ma voix uniquement, tu ne peux prendre aucune décision ni entreprendre aucune action sans mon autorisation». Il mit de côté le panneau de commande et s'approcha de M. Octopode qui était toujours étendu sur le carrelage du laboratoire. Quelques instants plus tard, M. Octopode bougea. Le cœur de Georges commença à battre la chamade. Dans quelques minutes son destin sera décidé. M. Octopode ouvrit les yeux, son regard errait dans le laboratoire. Georges attendait, figé, que son regard rencontre le sien. M. Octopode tourna lentement la tête vers lui. Dans ses yeux, il y avait de la peur.

— Me reconnaissez-vous? lui demanda Georges.

— Oui, vous êtes mon Maître. Georges sentit un frisson lui parcourir le dos.

— Et toi, qui es-tu?

— Je suis votre esclave, je vous appartiens et vous obéis en tout.

— Lève-toi.

M. Octopode se leva doucement, la tête lui tournait et Georges lui fit signe de s'asseoir dans un fauteuil.

— Qui se trouve aux étages supérieurs?

— Ma femme et ma fille, les domestiques, les cuisiniers, les gardiens.

— Est-ce qu'en ce moment on nous regarde?

— Non, parce que quand je descends chez vous, ils éteignent les caméras et les vidéos.

— Très bien. On s'occupera demain des employés de maison. Maintenant dis à ta femme de descendre avec votre fille. Tu leur parles comme tu en as l'habitude.

— Oui, Maître.

Pendant que M. Octopode téléphonait à sa femme, Georges alla cacher dans l'ascenseur un petit flacon ouvert contenant de la substance inodore concentrée qu'il avait préparée chez lui. Il portait toujours le masque qui le protégeait des vapeurs qui provoquaient l'évanouissement. L'ascenseur monta. Il conduisit M. Octopode dans un des appartements libres destinés aux cobayes.

— Reste à ta place et ne bouge pas, ordonna-t-il à M. Octopode. Georges était dans un état de transe, il devait agir très vite.

Quand l'ascenseur descendit, la femme et la fille de M. Octopode étaient déjà évanouies. Georges les sortit de l'ascenseur, leur injecta les puces, les programma et s'approcha d'elles attendre leur réveil. Il ne les avait jamais vues avant. La femme de M. Octopode était beaucoup plus jeune que lui, petite, blonde et très belle. Sa fille, âgée de quatorze ans était le portrait craché de sa mère. Lorsqu'elles se réveillèrent dès qu'elles entendirent la voix de Georges, elles devinrent toutes soumises. Il les conduisit dans des appartements séparés et ordonna à M. Octopode de faire descendre un par un tous les gardiens. Ceux-là, il ne les enferma pas dans des appartements mais les envoya garder la maison. Ensuite, Georges dit à M. Octopode d'appeler celui qu'il nommait son collaborateur et qui le conduisait le matin au laboratoire et le soir chez lui. Quand il entra dans l'antichambre, Georges sortit du laboratoire et lui tendit un dossier.

— M. Octopode a dit qu'il reviendrait tout à l'heure vous parler, en attendant il vous demande de regarder les adresses de ce dossier.

Il prit le dossier, l'approcha de ses yeux pour mieux lire et s'évanouit presque tout de suite. Georges répéta l'injection et l'envoya l'attendre dans la voiture. Il rentra dans le laboratoire, ferma à clé les portes des appartements et sortit dans la rue. C'était la première fois qu'il quittait le laboratoire sans être obligé de mettre les lunettes noires. Il regarda autour de lui. C'était ce qu'il avait supposé: le grand château sur la colline était bien la demeure de M. Octopode et le laboratoire se trouvait au niveau inférieur. Georges prit place dans la voiture, le chauffeur le regardait avec des yeux de chien fidèle, en attendant sa commande.

— Vas-y, lui dit Georges. Il aurait voulu lui poser des questions, mais n'en avait pas la force. Il avait vécu des émotions terribles. Arrivé chez lui, la première chose qu'il voulut faire ce fut de vérifier s'il n'y avait pas de caméras vidéo ou de microphones. Ben dis donc! se dit Georges. Il avait besoin de mettre de l'ordre dans ses pensées, d'apaiser ses émotions. Il prit une douche, but un thé avec Théo et lui dit qu'il voulait se coucher plus tôt. Il appela ensuite Régine, bavarda un peu avec elle, lui souhaita bonne nuit et s'allongea sur le lit sans allumer la lumière.

Il avait réussi! C'était incroyable! Désormais il ne devrait plus se méfier à chaque pas, laisser son portable dans la boîte aux lettres, vérifier s'il n'y avait pas de caméras vidéo ou d'enregistreurs vocaux. Car il en avait trouvé quelques fois. Il ne devrait plus coder les résultats de ses recherches. Il était désormais libre de faire ce qui lui plaisait! Une fois, M. Octopode avait exigé qu'il reste habiter au laboratoire jusqu'à ce qu'il finisse ses recherches, mais il avait trouvé le courage de lui répondre que si on le privait de liberté il arrêterait de travailler, qu'on pouvait le tuer, il n'avait pas peur de mourir. Donc, M. Octopode avait fait semblant de céder, mais Georges savait qu'il avait ses hommes partout, qu'il connaissait tous ses amis, toutes ses habitudes, tous ses handicaps. C'était un miracle qu'il ait réussi à le duper comme ça. Maintenant c'était lui qui serait l'homme le plus puissant au monde! A cette pensée Georges sentit des frissonnements lui parcourir le corps. Il devait agir vite, il ne voulait pas en profiter pour son plaisir. Il voulait sauver la Terre et l'humanité. Il se dit que son handicap était un signe de Dieu, il ne devait pas être comme les autres. Les plaisirs de la chair troublent la raison, font de l'homme l'esclave de son corps. Il devait rester chaste comme Jésus l'avait été. Georges décida alors de se faire castrer avant de s'injecter le virus positif. Et l'enfant? Je veux avoir un enfant! Il pensa aux clones de M. Octopode et de sa famille. Au début il avait pensé à se faire cloner. Mais après avoir vu Régine à l'hôpital, il avait décidé de l'épouser et d'avoir des enfants comme tout le monde. Maintenant qu'il a compris sa mission sur la terre, le clonage est son unique solution. Il doit en parler à Régine. Après la naissance de l'enfant il lui injectera le virus positif et si elle guérit il lui donnera la liberté. Voilà, c'est ce qu'il ferait! George savait qu'il ne pourrait pas s'endormir, il était trop excité. Il appela celui qui était devenu son chauffeur et lui ordonna de venir le chercher. Arrivé au laboratoire, il préleva un peu de tissu du lobe de son oreille et mit les cellules obtenues en culture dans une boîte de pétri avec du milieu nutritif à 38au° pour qu'elles puissent survivre en attendant d'être prélevées comme source de noyx. Ensuite il s'approcha de l'écran au mur et alluma la caméra de l'appartement dans lequel se trouvait M. Octopode. Lui non plus ne dormait pas. Son visage exprimait une souffrance qui lui donnait un aspect presque humain. Il comprenait sa situation mais sa volonté était paralysée et il ne pouvait rien entreprendre. Georges ne voulait pas lui effacer la mémoire, il avait besoin des connaissances et des informations qu'il détenait.

Georges entra dans l'appartement de M. Octopode. En le voyant entrer, M. Octopode se leva et resta debout dans une position de soumission.

— Assieds-toi. Parle-moi de toi, de ton enfance, de tes activités. Comment es-tu devenu le plus riche et le plus puissant homme au monde?

— Mon nom est Jacob Abecassis. Les parents de ma mère étaient commerçants. Mon grand-père avait proposé à son meilleur ami d'être son partenaire. Leur commerce allait très bien. Mais un jour mes grands-parents ont mystérieusement disparu. Ils ont été retrouvés un mois plus tard dans un puits abandonné, à moitié décomposés, égorgés. L'affaire a été très vite close, faute de preuves. Ma mère avait treize ans. L'ami et partenaire de son père lui proposa d'aller vivre chez eux et devint son tuteur. Mais ils la traitaient comme une servante. Un jour qu'il n'y avait personne à la maison, ses fils, âgés de dix-sept et de dix-neuf ans, la violèrent. Ils la menacèrent de mort si elle en parlait à leurs parents.

Chaque nuit, ils entraient dans sa chambre, et abusaient d'elle. Elle avait quatorze ans quand elle tomba enceinte. Lorsque les parents des deux jeunes hommes se rendirent compte de sa situation, ils la battirent et la traitèrent de putain. L'ami de son père lui donna un peu d'argent, monta avec elle dans un train et l'emmena dans une ville lointaine. Là, il lui loua un minuscule appartement dont il s'engagea à payer le loyer et l'abandonna. Restée seule, ma mère se mit à pleurer, elle avait peur, ce n'était qu'une enfant de quatorze ans. Elle sortait peu de la maison sinon pour acheter du pain, du lait, du savon. Elle savait qu'elle devait faire des économies. Un jour, en allant au magasin, elle aperçut dans la rue une vieille femme, pauvre mais proprement vêtue, qui tenait dans la main un paquet. Elle avait l'air égarée. De retour du magasin, ma mère la revit au même endroit. Elle s'approcha et demanda:

— Est-ce que je peux faire quelque chose pour vous?

— Oh, chère enfant, tu ne peux rien faire pour moi. Après la mort de mon fils, ma belle-fille qui voulait refaire sa vie me demanda de m'en aller. J'ai ramassé quelques affaires dans un paquet et je suis partie sans lui dire adieu. Mais je ne sais pas où aller; j'aurais dû la supplier de me laisser rester avec elle. Qu'est-ce que je vais faire, la nuit va tomber bientôt et je ne connais personne.

Alors ma mère l'invita à passer la nuit chez elle et si elle s'y plaisait, elle pourrait y rester car elle était toute seule, elle attendait un enfant et ne savait pas comment se débrouiller. Et elle sanglota. Il se dégageait de cette vieille femme une bonté maternelle qui lui manquait tellement! Cette femme devint comme une mère pour ma mère. Elle lui apprit à cuisiner, à coudre, à tricoter. Elles confectionnèrent ensemble des vêtements pour moi. Elle fit la sage- femme lors de l'accouchement. Elle l'aida à s'occuper de moi. Après, ma mère dut travailler pour nous nourrir et payer le loyer, parce que son tuteur, mon grand-père paternel, avait arrêté de le faire. Elle s'était engagée comme serveuse dans un restaurant ; tard dans la nuit quand il n'y avait plus de clients elle faisait le ménage, nettoyait la cuisine. Elle m'apprit très tôt à lire. Le dimanche, elle faisait le ménage dans une bibliothèque pour me procurer des livres. J'avais six ans quand mamie, c'est ainsi que j'appelais la vieille femme que ma mère avait abritée, mourut. La mort survint subitement pendant son sommeil. Pour ma mère, c'était la fin du monde. Elle ne pouvait pas me laisser seul. Mais elle ne pouvait pas non plus abandonner son travail. Alors je la regardai dans les yeux et avec le sérieux dont j'étais capable à mon âge lui dis:

— Ne t'inquiète pas pour moi, maman, je vais être très sage.

Elle me prit dans ses bras, m'embrassa sur les joues et sur la tête.

— Oh, mon, cœur, si tu savais combien je t'aime!

— Je sais, maman. Moi aussi je t'aime infiniment. Pendant ton absence je lirai et je te promets de n'ouvrir à personne.

Je ne voyais presque pas ma mère. Quand elle rentrait, je dormais déjà. Le matin, je dormais encore quand elle partait. Elle me laissait sur la table de la nourriture qu'elle apportait pour moi du restaurant. Les livres étaient mes seuls amis. Comme je ne sortais pas de la maison, je ne communiquais avec personne. Quand je suis allé à l'école, j'étais le meilleur de la classe, ma mère me disait toujours que je devais être le meilleur en tout. Et je voulais être le meilleur pour aider ma mère, pour qu'elle travaille moins. Elle n'avait que vingt- trois ans mais elle en faisait trente. Elle était très belle mais avait déjà l'air usé. Je voulais être le meilleur parce qu'on me surnommait «le bâtard»; des enfants dont les pères étaient des ivrognes se permettaient de me cracher dessus et de traiter ma mère de putain. Je m'étais juré qu'un jour tous seraient à mes pieds. J'étais jeune mais mon cœur était plein de haine. Un soir quand mamie était encore vivante, j'étais au lit, elle croyait que je dormais déjà et je l'ai entendue dire à ma mère: «Alors au lieu de t'aider sachant que l'un de ses fils est le père de ton enfant, il a arrêté de payer le loyer?» Je haïssais cette famille pour laquelle mon existence n'avait aucune importance.

***

J'avais déjà douze ans. Maman m'avait laissé de l'argent pour les courses. Je marchais lentement dans la rue les mains dans la poche, regardant droit devant moi, perdu dans mes pensées. Je réfléchissais à la découverte que j'avais faite quelques jours plus tôt. J'allais souvent jouer dans le parc au centre de la ville. Il était très grand et beau, des arbres de tous les coins du monde y poussaient. Un jour j'étais assis sur un banc et je lisais un livre. Soudain, j'entendis des rires et des paroles. Je levai la tête et vis une bande d'élèves de mon école. C'étaient ceux qui me harcelaient le plus. J'étais sûr que s'ils me voyaient ils viendraient se moquer de moi. J'ai regardé autour. Pas trop loin de l'endroit où je me trouvais il y avait un séquoia géant haut d'environ cinquante mètres pour un diamètre de vingt mètres. Son écorce, très épaisse et fibreuse à la forme réticulée passait par des motifs rectilignes. J'ai couru vers lui et je le contournais doucement, le dos appuyé contre son tronc, pour me cacher de leur vue. Soudain ma main toucha un anneau métallique qui était enfoncé dans l'écorce. Je me suis penché pour regarder et je l'ai fait tourner. Soudain une sorte de hublot d'un diamètre de trente centimètres s'ouvrit. J'étais si surpris que je regardais comme fasciné la cavité dans l'arbre qui s'ouvrait devant moi. Avec beaucoup de précaution, j'ai regardé dedans. Il n'y faisait pas sombre, la lumière pénétrait à travers des trous creusés dans l'écorce. Quelle ne fut ma stupéfaction à la vue d'un énorme creux dans le tronc de l'arbre! Je me faufilai à l'intérieur et poussai un cri de surprise. Quelqu'un avait taillé une petite pièce à l'intérieur de l'arbre! Elle était large d'un mètre et demi et longue de deux mètres et je pouvais tenir debout; dans un coin, un matelas et une couverture. Quelqu'un devait se cacher là. Je m'apprêtais à partir, j'avais peur d'être surpris lorsque je vis une lettre accrochée à l'une des parois de cette mystérieuse demeure. Je m'approchai et lus: «Salut, si tu lis ces lignes, c'est que tu as trouvé cette cachette. Et cela veut dire que tu es une personne extraordinaire et désespérée comme je l'ai été il y a longtemps. Durant quelques mois pendant des nuits pluvieuses pour être certain qu'il n'y aurait personne dans le parc, j'ai creusé dans le tronc de cet arbre magnifique. Quand mon idée est devenue réalité je me sentais la personne la plus heureuse et la plus libre au monde. Demain je pars pour un autre pays, et si un jour je reviens, je visiterai ma cachette. Prends soin d'elle et n'en parle à personne! Cordialement». Au bas de la page, il y avait la date et l'année. Cela faisait déjà quatre ans que l'énigmatique artisan avait quitté son œuvre. Je me sentais comme si j'avais trouvé un trésor. J'avais un refuge à moi tout seul! Je n'en parlai à personne, pas même à ma mère. C'était si intime, lorsque je pénétrais à l'intérieur de l'arbre que j'avais la sensation de me réfugier au plus profond de moi-même. Je faisais très attention pour que personne ne me voie y entrer. Je ne laissais pas l'anneau-clé dans la serrure. J'y avais apporté des livres et je lisais, allongé sur le matelas, mais le plus souvent, j'observais ce qui se passait dehors. L'écorce de séquoia est grosse de quatre-vingt- dix centimètres, les trous qui permettaient à la lumière de pénétrer à l'intérieur étaient dissimulés par sa forme réticulée. Je m'amusais à regarder les gens et à les écouter sans que personne se rende compte de mon existence. Donc, ce jour-là j'étais pressé de faire les courses et de retourner «chez moi», c'est ainsi que j'appelais ma cachette. Soudain je remarquai un jeune homme qui s'approchait furtivement d'une voiture parquée dans la rue. Je compris que ce n'était pas sa voiture et me cachai derrière un arbre. Arrivé à côté de la voiture, le jeune homme regarda autour de lui, sortit de sa poche un ouvre- serrure, ouvrit la porte, s'empara du sac qui se trouvait à l'arrière et voulut s'en aller. Mais j'étais sorti de derrière l'arbre et le regardais. S'il m'avait menacé ou s'il m'avait donné un coup de poing, je ne sais pas comment ma vie aurait évolué. Mais il eut peur. Il s'arrêta, effrayé, devant moi, sortit de sa poche quelques pièces de monnaie et me les tendit. J'aurais pu refuser l'argent et crier au voleur, mais je le pris. C'était la première fois que j'avais mon argent à moi. De retour à la maison, je mis les pièces dans une boîte et courus la cacher dans mon séquoia. C'était mon talisman. Je compris vite qu'on pouvait gagner de l'argent plus facilement, sans travailler aussi dur que ma mère. Le chantage était une source de revenu assez convenable. Je commençais à faire attention au comportement des gens, à leurs paroles. Mes premières victimes furent une voisine qui habitait une belle maison au coin de la rue, et son amant. Le mari de cette voisine était marin et s'absentait très longtemps. J'avais remarqué que pendant l'absence de son mari un homme très riche lui rendait visite le soir. Il partait de chez elle à l'aube. Je mis des gants de ménage de ma mère pour ne pas laisser d'empreintes, et écrivis une lettre que je mis dans la boîte aux lettres de la voisine. Je lui dis que je connaissais bien son mari et la famille de son amant. Et s'ils ne voulaient pas que leur relation fût révélée à son mari et à la femme de son amant, ils devaient déposer à minuit du samedi suivant une enveloppe avec une grosse somme d'argent, sous une pierre qui se trouvait à côté d'un séquoia géant dans le parc de la ville. Et s'en aller tout de suite. Sinon tout le monde serait au courant de leur adultère. Je m'amusais en regardant par la fenêtre la femme ouvrir la lettre et lire son contenu. Ses mains tremblaient; elle jeta un coup d'œil effrayé vers la rue et se précipita dans la maison. J'étais sûr qu'elle voulait appeler son amant. Le samedi, je dis à maman que j'allais dormir chez un copain et j'allai «chez moi». Je ne croyais pas qu'ils viendraient. Ou bien, s'ils venaient, ils ne laisseraient pas l'argent. Vers minuit, je me postai devant le trou dans l'écorce qui donnait sur l'endroit où se trouvait la fameuse pierre. Quelques minutes plus tard, je remarquai dans la lumière faible de la lune une ombre courir en direction de la pierre. C'était lui. Il s'arrêta un moment devant la pierre, jeta un coup d'œil autour de lui, se pencha et déposa au pied de la pierre (elle était trop grande pour la soulever) une enveloppe. Ensuite, il se releva et quitta vite le parc sans se retourner une seule fois. J'attendis assez longtemps que la lune se cachât derrière les nuages. Je sortis doucement de ma cachette et courus jusqu'à la pierre. Les dix mètres qui séparaient la pierre du séquoia me paraissaient interminables. Je saisis l'enveloppe et me précipitai dans le creux de mon arbre. Je n'arrivais pas à maîtriser mon émotion, mon cœur cognait si fort dans ma poitrine que j'en avais mal. Je m'étendis sur le matelas, tirai la couverture dessus et allumai la lanterne que j'avais apportée avec moi. J'ouvris l'enveloppe. Il y avait dedans une énorme somme d'argent, beaucoup plus que ce que j'avais demandé. Et une lettre. Dans cette lettre il me prévenait que si j'essayais de le faire chanter encore une fois il finirait par trouver qui était le maître chanteur et me détruirait. J'étais tellement heureux de mon gain que j'ai passé toute la nuit à développer mon plan d'action. Le lendemain, il pleuvait, il n'y avait personne dans le parc, je pus donc sortir de ma cachette sans craindre d'être vu. Je rentrai à la maison, pris une douche, m'habillai proprement et sortis dans la rue. J'avais laissé une partie de l'argent dans la cachette et j'emportai une partie avec moi. J'allai acheter un appareil photo instantané. Je ne pouvais agir tout seul. Je parlai à ma mère de ma décision de tirer profit du chantage. Au début, elle fut épouvantée, mais je lui expliquai que les mauvaises gens devaient être punis. Je lui racontai comment j'avais fait chanter la voisine et son amant, mais je lui dis qu'ils avaient laissé l'argent sous une pierre devant la porte de notre voisine. Finalement, elle accepta. Comme elle travaillait au restaurant, elle connaissait beaucoup de monde et tous les potins sur les riches de la ville. Elle m'en parlait, me communiquait des adresses. Moi, je passais mon temps à guetter. Si je voyais quelque chose de compromettant, je prenais des photos, ensuite je les envoyais dans des enveloppes à leur nom à l'adresse de leur lieu de travail. Petit à petit, nous avions accumulé une très grosse somme d'argent. J'implorais maman de travailler moins. Elle arrêta de faire le ménage, mais continuait de travailler comme serveuse au restaurant pour être au courant des intrigues de la ville. Elle avait plus de temps pour se soigner, elle commença à fréquenter des salons de beauté, s'achetait des vêtements dans des boutiques chic. Elle était devenue si belle et élégante que le propriétaire du restaurant qui était veuf lui demanda sa main et nous emménageâmes chez lui. Il était très riche et disposait d'un réseau d'hôtels. J'avais libre accès à ces hôtels. J'avais déjà dix-huit ans. Un jour, l'idée me vint d'installer de minuscules caméras vidéo dans les appartements et les suites des hôtels. Chaque nuit, enfermé dans ma chambre, je vérifiais les enregistrements. Je téléchargeais sur des disques durs le matériel qui présentait un intérêt. Il n'y avait pas que des rencontres amoureuses, mais aussi entre partenaires de louches affaires. Je possédais un énorme matériel compromettant. J'avais ouvert un compte bancaire sous un faux nom sur lequel mes victimes versaient l'argent.

***

Chaque fois que je demandais à ma mère les noms et l'adresse de son tuteur et de ses agresseurs, elle refusait de me les donner.

— Ne garde pas la haine et la soif de vengeance dans ton cœur, mon enfant, il n'y aura pas de place pour l'amour. Elles finiront par te détruire. Apprends à pardonner, cela t'apportera la délivrance. Moi, je leur ai tout pardonné le jour où tu es venu au monde. Si cela ne m'était pas arrivé, je ne t'aurais pas. Qu'est-ce que ma vie serait sans toi?

Mais je n'étais pas d'accord avec elle. Je suis allé voir le propriétaire de l'appartement où nous avons vécu, ma mère et moi, avant son mariage. En échange d'une somme d'argent, il me donna le nom et l'adresse de celui que j'aurais dû appeler papi. Je conservais cette adresse pendant des années. J'avais fait de belles études en économie et marketing stratégique. J'étais devenu le partenaire d'affaires de mon beau-père. Bientôt, nous avions éliminé nos concurrents et détenions le contrôle de tout le réseau hôtelier de la région. Ensuite, nous nous étions emparés de la restauration et du commerce. J'éprouvais un énorme plaisir à voir mes anciens traqueurs me demander humblement du travail. Mais pendant tout ce temps, j'accumulais des informations concernant le tuteur de ma mère et ses fils. J'appris qu'il était mort, mais ses fils étaient mariés, avaient des enfants et étaient propriétaires de quelques grands centres commerciaux. Je créai alors une entreprise de commerce électronique spécialisée dans la mise à disposition de produits de tous type. Les prix des marchandises étaient deux fois moindres que dans les magasins et centres commerciaux. Petit à petit, les propriétaires ont dû mettre la clé sous la porte. Les fils de mon tuteur aussi. Mais cela ne me suffisait pas. J'avais payé deux très belles prostituées qui avaient pour mission de les séduire. Je leur louais des suites dans un hôtel de luxe. Elles se présentèrent comme filles d'un riche homme d'affaire. Ils ont vite mordu à l'hameçon et après quelques visites chez elles, j'étais en possession de photos compromettantes. Je regardais les photos et mon cœur se serra: je leur ressemblais énormément. Ils étaient de petite taille comme moi. Le plus âgé avait les cheveux roux et les yeux verts mais le plus jeune avait les cheveux noirs et les yeux gris très clair. Comme moi. Je leur avais envoyé les photos.

Je continuais de m'infiltrer dans toutes les sphères de l'économie. Il me suffisait de devenir actionnaire d'une entreprise pour en détenir quelque temps plus tard toutes les actions. J'éliminais tout partenaire ou concurrent. On avait peur de moi et on me donna le surnom d'Octopode. J'avais engagé des gardes du corps, des avocats, des managers qui menaient toutes mes affaires, car on a dû menacer ou même faire disparaître les plus coriaces.

— Puisque tu étais devenu si fort, quel était ton projet?

— L'avenir de l'humanité. La Terre est surpeuplée. Il faut réduire de cent fois la population de la planète.

— Qu'as-tu entrepris pour réaliser ton projet?

— J'ai fondé une organisation secrète qui s'appelle «Les Séquoias» en l'honneur de mon séquoia grâce auquel j'ai pu sortir de la pauvreté. Les cinquante personnes les plus riches du monde en font partie. Quand un membre de notre confrérie meurt, nous le remplaçons. Nous avons élaboré un plan de destruction de la population. Pour les pays très pauvres, nos laboratoires ont créé un vaccin qui provoque la stérilité chez les hommes et les femmes. Les autres pays servent nos profits et nous permettent de nous enrichir. Les laboratoires inventent des virus qui provoquent des maladies mortelles. L'industrie pharmaceutique produit des médicaments qui agissent seulement sur les symptômes et non pas sur la maladie. Les gens dépensent des sommes colossales, mais ils ne guérissent pas. L'industrie alimentaire produit de la nourriture synthétique qui provoque des carences en vitamines et ne comble pas la sensation de faim. Plus on mange, plus on a faim. Et plus on a faim, plus on achète. L'industrie chimique produit une vaste gamme de produits d'entretien dont l'emploi est nocif pour la santé. Et puis, il y a l'industrie de la guerre. Nous provoquons artificiellement des conflits armés entre différents pays, puis nous leur vendons des armes de destruction. Dans dix ans la population de la terre aura diminué à moitié.

— Mais la terre est déjà polluée...

— On a trouvé un plateau de mille hectares entre les montagnes à trois kilomètres au-dessus du niveau de la mer. Il est entouré de montagnes et de forêts et demeure inaperçu. On peut y accéder par hélicoptère. Au milieu, il y a un lac dans lequel se jettent des rivières des montagnes. L'eau est riche en minéraux. L'air est d'une pureté qui donne le vertige. Nous avons fait construire des maisons écologiques pour cent familles. Nous avons surnommé le village «Le hameau des Séquoias». Seuls les membres de la confrérie avec leurs familles y habiteront. Les employés viendront le matin et s'en iront le soir. Pour y accéder, on a fait creuser dans les entrailles d'une montagne une ligne de métro et un ascenseur qui monte jusqu'au plateau.

— Que sont devenus ceux qui ont aménagé le plateau et le métro?

— Les ingénieurs qui pourraient réparer en cas de panne habitent dans un hôtel situé sur une petite île. Ils n'ont pas le droit de quitter l'île. Les autres ont été supprimés.

— Tu me le montreras un jour, ce plateau. Maintenant tu vas organiser une rencontre avec les scientifiques qui travaillent dans tes laboratoires. Quand devrait avoir lieu la prochaine réunion des Séquoias?

— On se rencontre le deuxième samedi de chaque mois.

— Je vais te faire installer dans l'appartement un système de communication, et si quelqu'un t'appelle, tu lui parles comme d'habitude. Et pas un mot sur moi.

— Oui, Maître. Georges se leva et se dirigea vers la porte. Avant de sortir, il jeta un regard vers M. Octopode qui se tenait la tête avec les mains, les larmes ruisselant sur son visage. La puce que Georges lui avait introduite était programmée pour annihiler sa volonté. Il lui était impossible de prendre aucune décision, mais il lui restait la lucidité et la mémoire. Il comprenait ce qui lui arrivait et il en avait peur. Georges lui avait intentionnellement infligé ce supplice comme châtiment pour toutes les crimes commis.

***

— Régine, je voudrais qu'on parle. J'ai quelque chose à te dire. Ils venaient de dîner.

Georges poussa doucement le fauteuil roulant de Régine vers le jardin de leur maison. Ils avaient emménagé depuis un mois dans la nouvelle maison que Régine avait fait décorer avec beaucoup de goût et d'élégance. Au sous-sol, se trouvaient la buanderie, la réserve, une salle de gymnastique et une piscine; au rez-de-chaussée, un très grand salon et la salle à manger avec une baie vitrée qui occupait le mur et s'ouvrait sur un splendide jardin; un grand bureau, la cuisine et les toilettes; au premier, trois chambres avec leurs salles de bain et les toilettes. L'une de ces chambres était la chambre à coucher de Georges et de Régine. Au deuxième étage une chambre était occupée par les parents de Régine, une autre par Théo et la troixième servait de chambre d'amis. Au grenier, il y avait deux pièces. L'une a été transformée en home cinéma, l'autre en bibliothèque qui donnait sur une terrasse qui offrait à la vue un panorama époustouflant. Pour que Régine ait accès à tous les étages, ils firent installer un ascenseur.

Georges était un peu nerveux, il pensait à ce dont il voulait parler à Régine et ne savait pas comment faire pour ne pas la blesser. Il s'arrêta au bord de la piscine, s'assit sur un banc et tourna le fauteuil de Régine vers lui. Il prit ses mains dans les siennes et la regarda avec tendresse. Il l'aimait de tout son coeur, il éprouvait toujours le besoin de la caresser et lui faisait sans cesse des câlins comme il aurait aimé une petite soeur. Il ne supportait pas la voir triste et la comblait de cadeaux. Il savait qu'elle l'aimait et qu'elle attendait avec impatience qu'il leur injecte le virus positif. Et voilà qu'il s'apprêtait à tout détruire.

— Régine, tu es la seule personne en qui j'ai confiance. Je vais te confier un secret que personne d'autre ne doit connaître. Pendant quelques années, j'ai vécu un calvaire. J'ai travaillé dans le laboratoire d'un monstre dont le but était de détruire la population de la terre. Si je lui avais injecté le virus positif, il serait devenu invincible. Il me terrorisait, il connaissait tout de moi, mon enfance, ma maladie, mon handicap. Il me surveillait parce qu'il avait peur que je ne le trompe. Il imaginait que je m'étais injecté le virus positif. Ses hommes s'infiltraient chez moi et m'installaient des caméras vidéo pour comtrôler ma vie sexuelle. J'ai dû faire des efforts surhumains pour tromper sa vigilance et le neutraliser. D'après ce qu'il m'a raconté, j'ai réalisé que tout le mal sur la terre vient d'une poignée d'hommes.

Et j'ai décidé de me consacrer au salut de la terre. Régine, je veux rester chaste. J'ai peur que les plaisirs de la chaire ne me subjuguent.

— Mais pourquoi penses-tu qu'ils pourraient te subjuguer?

— J'ai regardé beaucoup de films porno dans l'espoir de réveiller mon corps et je voyais dans quelle exaltation étaient les personnes qui atteignaient l'orgasme. Et si cela me plaisait au point de ne plus pouvoir arrêter? Si je voulais rattraper les années perdues? Et si je te trompais pour essayer d'autres filles? Régine, je ne sais pas ce que c'est que de faire l'amour et de jouir. Et je n'en éprouve pas le besoin. J'ai d'autres objectifs, je veux m'occuper de notre planète et de ses habitants. Régine, le virus positif est efficace. Je l'ai injecté à quelques personnes. Elles ont rajeuni et complètement guéri. Leur ADN est parfait. Je pense nous l'injecter demain.

— Oh, Georges, comme je suis contente! Je n'arrive pas à croire que je pourrais bientôt marcher. Et que toi... Mais pourquoi m'as-tu dit que tu voulais rester chaste? Qu'est-ce que cela veut dire?

— Je me suis fait castrer, Régine. Je ne veux pas que le virus positif me redonne ma virilité.

— Comment as-tu pu me faire cela? Pourquoi as-tu pris cette décision sans me demander si j'étais d'accord? Est-ce que tu te rends compte que tu m'as trahie?

— Si je t'en avais parlé avant, j'aurais cédé. Mais j'ai besoin d'être fort, de ne pas succomber aux charmes des femmes. Régine, je t'injecterai le virus positif et quand tu auras guéri, je te rendrais ta liberté, tu pourras refaire ta vie.

— Georges, qu'est-ce que ma vie sans toi? Depuis que je t'ai vu, je t'aime éperdument et chaque nuit je rêve que tu me serres dans tes bras comme un amant et non comme un frère, que tu ne me regardes pas avec douceur, mais que ton regard insolent me déshabilles, me fasse sentir des papillions au bas du ventre. J'attendais avec impatience cette injection, pour que nous soyons un couple normal. Georges, j'ai faim de ton corps, j'ai tellement envie que tu me fasse l'amour au moins une seule fois ! Je ne veux pas refaire ma vie, je ne supporterai pas que quelqu'un d'autre me touche.

— Pardonne-moi, Régine, je ne pensais pas que je te causerais autant de peine. Moi, pendant ce mois qu'on a vécu ensemble, j'ai été au comble du bonheur. Mais, je t'en prie, réfléchis à ce que je viens de te raconter. Quand tu ne seras plus dans ce fauteuil roulant, je n'aurai pas une si grande importance pour toi.

— Tu es cruel! Tu es un égoïste! Je te déteste! Régine éclata en sanglots.

Georges se leva, la souleva de son fauteuil, se rassit, Régine sur ses genoux. Il la berçait doucement en lui caressant les cheveux.

Régine se pencha sur son cou, respirant avidement son parfum enivrant et pleurait amèrement.

— Régine, je suis conscient du mal que je viens de te faire. Je ne sais pas si tu me pardonneras. Toutefois, j'ose te demander quelque chose. Fais-moi un enfant!

Elle le regarda stupéfaite:

— Un enfant? Mais comment?

— Je ne me suis pas exprimé correctement. Je te demande d'être la mère porteuse de mon clone.

— De ton clone? Tu veux te cloner? C'est possible pour les humains?

— Oui, c'est possible. Régine, je ne voudrais pas payer une étrangère, cet enfant sera mon souvenir de toi, il aura grandi dans ton ventre. Après, tu épouseras un homme normal et vous aurez des enfants normaux. Mais si cette demande te dégoûte, n'accepte pas.

Régine prit le beau visage de Georges entre ses mains et le regarda dans les yeux. Elle y perçu une énorme tristesse.

— Georges, j'ai pris ma décision. Je veux rester avec toi, t'aider dans ton noble travail. Avant de m'injecter le virus positif je vais me faire castrer moi aussi. Mais tout d'abord je serai la mère porteuse de notre enfant.

— Comme ça, dans le fauteuil roulant?

— Oui, comme ça. Et mes parents ne doivent pas savoir tous les détails.

— Merci, chérie, merci infiniment, mon amour.

***

Deux semaines plus tard Régine ovula.

Georges l'emmena au laboratoire, lui préleva des ovules et les mit en culture pour maturation durant vingt-quatre heures. Il prit ensuite les ovules matures, les plaça sous un microscope et les vida de leurs noyaux. Puis il prit les cellules cultivées qu'il avait prélevées à son oreille, en plaça une à côté d'un ovule énucléé qui est dix fois plus grand que la cellule et induisit un petit champ électrique très bref. Les membranes fusionnèrent entre elles permettant au noyau d'entrer dans l'ovule. Il remit ensuite la cellule œuf reconstituée dans l'étuve dans un milieu de culture particulier qui lui permettrait de se diviser.

Quelques jours plus tard il transplanta l'embryon dans l'utérus de Régine.

***

Georges s'injecta le virus positif. Quelques semaines plus tard, il en ressentit les résultats. Il était en bonne santé, les quelques cheveux gris dus au stress avaient disparu, la parodontose dont il souffrait depuis l'enfance guérit, les gencives ne saignaient plus, les verrues des orteils dont il n'arrivait pas à se débarrasser complètement disparurent, les rides autour des yeux et sur le front s'estompèrent et sa peau devint claire et douce. Comme il vivait toujours dans la tension, il avait des brûlures d'estomac, constipation. Il se sentait à merveille maintenant. Le virus positif devait maintenir une personne adulte à l'âge de trente ans durant toute sa vie aussi bien en aspect qu'en force physique. Cela restait à vérifier car Georges n'avait pas plus de trente ans. Régine plaisantait en disant que si les améliorations continuaient, vers la fin de la grossesse elle ferait plus vieille que lui.

Il était très satisfait des résultats de son travail. Il était si heureux de savoir qu'il aurait un enfant et que Régine resterait avec lui, qu'il ne savait pas comment lui montrer sa gratitude et son amour. Pendant la journée Régine restait avec ses parents, car Georges et Théo étaient très occupés, mais le soir il voulait s'occuper d'elle lui- même. Il la portait dans les bras, lui donnait le bain, lui massait le corps avec des huiles essentielles. Ensuite il s'asseyait dans un fauteuil, prenait Régine sur ses genoux et lui racontait sa journée. Il aimait lui parler, elle savait l'écouter et s'il lui demandait son avis, elle avait toujours des idées intelligentes.

Georges se serait senti le plus heureux au monde, mais le remords le rongeait. Il avait trahi Régine et s'était conduit comme un égoïste en acceptant ses sacrifices. Pour se racheter, il décida de lui injecter le virus positif à son insu après l'accouchement. Une fois cette décision prise, il se sentit libéré. Et il se concentra sur la tâche qu'il devait accomplir. Il devait agir vite. Il savait qu'il ne pourrait pas se débrouiller avec Théo comme seul aide. A sa demande, M. Octopode convoqua les scientifiques des laboratoires qu'il entretenait. La salle de conférences du château pouvait contenir cent personnes. Il fit installer des tuyaux discrets dans tous les coins de la salle par lesquels le gaz devait pénétrer. Le jour de la réunion, il était dans une pièce voisine avec Théo et M. Octopode. Ils regardaient arriver les scientifiques sur un écran. Ils avaient l'air soucieux. Georges comprit qu'ils avaient peur de M. Octopode. Quand les trente personnes furent installées à leurs places, Georges envoya M. Octopode commencer la réunion. Lorsqu'il entra dans la salle, tous se levèrent et attendirent qu'il prenne place en tête de table et s'assirent à leur tour. La conférence commença. Georges ouvrit le robinet qui permettait au gaz inodore de s'échapper vers la salle. Dix minutes plus tard, les invités perdirent connaissance, un à un. Georges et Théo mirent un masque protecteur, prirent les seringues préparées à l'avance et entrèrent dans la salle. Théo l'aida à leur injecter les puces et ils furent programmés comme collaborateurs scientifiques complètement subordonnés. Il ouvrit les fenêtres pour aérer la salle et attendit que tous se réveillent.

Personne ne se rendit compte de ce qui s'était passé. Georges leur demanda un compte- rendu de leur travail dans les laboratoires. Ce qu'il entendit confirma les dires de M. Octopode. Toutes les études scientifiques avaient comme unique but la destruction de la population de la planète, son maintien dans la terreur et la soumission. On avait déjà commencé à vacciner tous les nouveau-nés des pays pauvres. Ce vaccin rendait stérile les fillettes et les garçons et détruisait leur système immunitaire. Des virus qui provoquaient des maladies mortelles. On avait même mis au jour un virus virtuel, avec transmission à distance à partir de l'écran de télévision. Il suffisait de montrer pendant la publicité une personne qui bâillait sans cesse. Ceux qui la regardaient commençaient à bâiller à leur tour. Et s'ils continuaient de regarder la publicité, le bâillement continu augmentait leur tension artérielle au point qu'elle leur provoque des hémorragies internes. On avait élaboré des additifs nutritifs ajoutés à tous les aliments qui rendaient les consommateurs addicts à la nourriture et qui provoquaient des maladies mortelles.

Après la conférence, Georges voulut visiter les laboratoires. Il fut terrifié, car ils n'essayaient pas les virus de diverses maladies sur des animaux, mais directement sur des humains. Comme récompense pour le traitement qu'ils avaient subi, Georges leur injecta le virus positif et les puces qui les programmaient comme aides. Ensuite il engagea le meilleur informaticien, lui introduisit la puce pour qu'il lui obéisse et lui ordonna de classifier les codes des puces par catégories, en fonction des tâches que chacun devait accomplir. Il voulait que tous les gens soient heureux, sans être obligés d'apprendre pendant des années et de poursuivre une carrière, il voulait qu'ils puissent profiter de leur vie, de leurs familles. Il projetait d'injecter à tous les habitants de la planète une puce qui contiendrait un programme: une unique langue de communication, des aptitudes à acquérir facilement des connaissances et des compétences, le manque d'agressivité, de violence, de jalousie; l'amour de la nature, de son prochain, le dévouement, la maîtrise parfaite du métier à accomplir. L'idée était d'imiter les fourmis, chacun aurait une tâche concrète à accomplir sur terre. Chaque couple devrait avoir deux enfants. Les puces émettraient des fréquences imperceptibles aux humains, mais qui tiendraient à distance les animaux. On pourrait se promener dans la nature sans craindre de se faire attaquer par des fauves. Chaque personne ayant reçu la puce et le virus positif vivrait cent cinquante ans, jeune, sans maladie. Cet âge passé, la puce déclencherait le système autodestructeur et la personne disparaîtrait.

Georges avait injecté à une souris une puce programmée à trois heures. Quand le système autodestructeur se déclencha, la souris mourut et une heure plus tard son corps disparut, consommé de l'intérieur par l'énergie produite par la puce.

***

M. Octopode envoya des invitations exceptionnelles à tous les membres de la confrérie «Les Séquoias» et leurs épouses. Le motif: le code ADN n'est plus un secret. Ils devaient se présenter au château pour apprendre la nouvelle de la bouche du jeune scientifique qui l'avait déchiffré. On organisa dans le parc du château un cocktail dînatoire avec un buffet composé d'une judicieuse sélection de bouchées mariant variété et harmonie dans les textures, les goûts et les couleurs. Comme boissons il y avait du punch, du champagne pour marquer l'événement, de l'eau minérale, du jus de fruits.

M. Octopode, avec sa femme et sa fille, se tenaient devant le château pour accueillir les invités. Vers dix-huit heures, ils commencèrent à arriver. Des automobiles très luxueuses se garaient sur le parking du château, des chauffeurs en uniformes en descendaient, ouvraient les portières et se tenaient droits, attendant que leurs maîtres descendent de leurs voitures. Georges les observait par une des fenêtres du château. Ils étaient très élégants, aux manières exquises, conscients de leur pouvoir, de leur influence, de leur

richesse. Ils s'approchaient de M. Octopode et sa famille, les saluaient, échangeaient quelques paroles avec eux et se dirigeaient ensuite vers le buffet. Ils se tenaient par groupes discutant entre eux.

M. Hansjacobe, maître des mers et océans, emmena sa femme à l'écart:

— Chérie, ne trouves-tu pas les Octopode un peu bizarres?

— Toi-aussi as cette impression?

— Oui, d'habitude il est très arrogant, mais ce soir son regard semblait exprimer de la crainte, même du désespoir...

— Et sa femme avec son sourire idiot qui ne disparaît pas de son visage...

— Ce qui me surprend beaucoup, c'est qu'il veuille nous parler du code ADN. Je le connais trop bien pour savoir qu'il voudrait être le seul à avoir l'ADN parfait. À moins qu'il ne nous fasse payer un prix exorbitant.

— On verra ça tout à l'heure...

Une demi-heure plus tard, M. Octopode invita tout le monde dans la salle de réunion du château. Tous prirent place. Un mur était occupé par un écran sur lequel un scientifique débuta un discours sur la plus grande victoire de l'humanité: le décryptage du code ADN.

Pendant que tous écoutaient avec la plus grande attention, Georges ouvrit les robinets et le gaz inodore commença à envahir la salle. Quand tous perdirent connaissance, Georges et son équipe, Théo et dix scientifiques des laboratoires de M. Octopode, y entrèrent, munis de seringues contenant les fameuses puces. Une fois les puces injectées, Georges les programma comme esclaves. Ceux qui étaient programmés «Esclaves» conservaient leurs connaissances, comprenaient parfaitement ce qui leur arrivait mais perdaient complètement leur volonté ; ils ne pouvaient rien entreprendre indépendamment, ils étaient terrorisés par la peur et l'impuissance. De plus, ils n'avaient pas droit au virus positif. C'était le châtiment que Georges voulait infliger à ceux qui avaient poussé la planète et l'humanité vers la catastrophe. Dès que la puce était injectée, un numéro apparaissait à l'intérieur du poignet gauche. Ce numéro indiquait la catégorie à laquelle la personne appartenait.

Georges renvoya tous les membres de la confrérie «Les Séquoias». Grâce aux puces qu'il leur avait injectées, il allait diriger toutes leurs activités. Pas besoin de leur parler. Il suffirait de taper le code de la puce et donner les instructions au microphone et la personne agirait comme de sa propre initiative. Ils devaient arrêter toute activité nuisible à l'écologie et à la vie des humains. Tout d'abord, cesser de produire des armes, détruire toute sorte d'armement. Reboucher les puits de pétrole. Élaborer des voitures qui se déplaceraient en base du champ magnétique solaire. Liquider l'industrie plasturgique. Nettoyer les mers et les océans des marées noires, causées par le transport du pétrole. Créer des dispositifs innovants, censés capturer et détruire les débris plastiques.Mais Georges se rendait compte que ces cinquante personnes ne seraient pas capables d'accomplir ces tâches. Ils se heurteraient à la résistance d'importants hommes d'affaires. Il fallait que la puce leur soit injectée aussi. Mais comment le faire? Il en parla à Régine.

— Je pense qu'il y a une solution, dit-elle. Il faut se servir des mass média. Par exemple, donner une interview.

— C'est une idée magnifique, chérie. Si mon interview est publiée dans les plus prestigieux magazines, tous les millionnaires et les milliardaires s'y prêteraient, ils voudraient me contacter pour obtenir les corrections de leur ADN. Car je ne soufflerai mot à propos du virus positif, c'est trop dangereux.

***

Grégoire regardait avec gourmandise les vidéos que Georges avait préparées pour lui. Ils étaient dans le vaste bureau de Georges. Il avait invité son ami à déjeuner chez eux. Grégoire apprécia beaucoup la maison et la convivialité qui y régnait. Après le déjeuner Georges l'invita dans son bureau.

— Installe-toi dans le fauteuil. Je te montrerai quelques vidéos et tu me diras ce que tu en penses.

Les vidéos représentaient les comptes - rendus de ses recherches et expériences sur les bénévoles, qu'il transmettait à M. Octopode. Il y avait d'abord une courte descriptionde l'individu, les données des analyses chimiques et biologiques, l'état de sa santé avant et après

correction de l'ADN. Grégoire ne pouvait pas cacher sa stupéfaction:

— Fantastique! Toutes ces personnes ont guéri! Même celles qui souffraient des maladies comme le cancer, l'Alzheimer, le sida. Je vois deux tétraplégiques qui marchent... Attends! Pourquoi, alors, Régine est toujours dans le fauteuil roulant?

— Régine est tombée enceinte avant que j'obtienne les résultats sur les cobayes. Nous ne voulons pas prendre de risques, les corrections de l'ADN pourraient nuire à la grossesse. Nous avons décidé d'attendre la naissance de l'enfant.

— Durant toutes ces années tu ne m'en as jamais parlé...

— Celui qui m'avait engagé me disait qu'il voulait donner une chance à l'humanité, mais que tout devait rester un secret pour ne pas donner de faux espoirs aux gens, attendre d'abord les résultats. Mais lorsque l'on a eu les résultats et qu'il a vu que la correction de l'ADN était possible, il a voulu tout garder pour lui et sa famille. Il me liquiderait s'il le pouvait, mais j'ai eu la précaution de tout coder, personne ne pourrait déchiffrer mes recherches.

— Qu'attends-tu de moi?

— Je voudrais donner une conférence de presse. Si la possibilité de corriger l'ADN devient médiatisée, il ne pourrait rien faire. J'ai besoin de ton soutien. Pour que mes déclarations soient fiables, j'ai besoin d'une équipe de médecins qui confirment la véracité de mes recherches.

— Penses-tu qu'il soit facile de convaincre quelqu'un de signer sa condamnation? Car à quoi bon les médecins si on peut corriger l'ADN? Qu'est-ce que tu es prêt à me proposer pour que je veuille convaincre mes collègues et pour qu'ils acceptent?

Georges regarda son ami dans les yeux. Il y vit avec stupeur un mélange de jalousie et de convoitise mal dissimulées. Dès sa naissance, Grégoire n'avait manqué de rien. Son père était maire de leur ville, sa mère directrice financière. Sa sœur était une pianiste célèbre et avait épousé un chef d'orchestre renommé. Lui était beau, intelligent, avait fait des études de médecine dans la meilleure faculté du pays. Il a épousé une fille magnifique dont le père était le propriétaire d'un prestigieux hôpital privé. Grégoire y était le médecin-chef de la réanimation. A le voir négocier, Georges ressentit du dégoût pour son ami.

— Je te propose dix pour cent par client et cinq pour cent aux autres médecins.

— Tu me donneras vingt pour cent.

— D'accord.

— Il y a autre chose. Georges serra les dents. Grégoire lui parlait en chef, comme si ce n'était plus son ami d'enfance avec lequel il avait partagé tant de bons moments.

— Il faudra trouver quelques bénévoles, nous voudrions être présents dès le début: prélèvement du sang, diagnostic de la maladie, correction des segments ADN responsables des maladies, attendre les résultats.

— Mais cela prendra beaucoup de temps...

Georges essayait de maîtriser sa colère. Il lui fallait agir vite, car les membres de la confrérie «Séquoias» qui portaient déjà les puces risquaient de se faire assassiner s'ils commençaient à agir d'après les instructions que Georges leur avait données.

— Comme tu voudras, Grégoire. Mais je voudrais te présenter encore quelque chose. Il ouvrit un tiroir de son bureau, en sortit un dossier et le tendit à Grégoire. Celui-ci l'ouvrit et regarda Georges avec étonnement. Il y avait différentes formules et calcules incompréhensibles.

— Tournes les pages, l'encouragea Georges.

Grégoire tournait les pages sans rien comprendre, il approcha le dossier de ses yeux pour mieux déchiffrer. Georges lui tournait le dos, il regardait par la fenêtre en se disant qu'il venait de perdre son meilleur ami. Quand il entendit le bruit des feuilles tombées sur le parquet, il sut que Grégoire était prêt à recevoir la puce. Il tenait toujours sous la main un dossier imprégné de la fameuse substance inodore.

Grégoire quitta la maison de son ami accompagné de Théo, muni de tout le matériel pour «convaincre» au moins cinq meilleurs médecins de donner leur vote de confiance à la plus grande découverte de tous les temps — le décryptage du code ADN.

***

Régine voulut accompagner sa mère. Mais quand elles arrivèrent aux supermarchés, elle refusa d'y entrer. Elle dit à sa mère qu'elle voulait faire un tour dans le parc en face du centre commercial. Son mari lui avait fait cadeau d'un fauteuil roulant ultra moderne, comme une mini voiture. Madame Muller lui dit qu'elle l'appellerait quand elle aurait fini les courses et Régine se dirigea vers le parc. Elle pensait à Georges. Le comportement de son ami Grégoire l'avait beaucoup bouleversé, il ne pouvait pas se calmer après lui avoir injecté la puce. «Je finirai par communiquer qu'avec des robots». Les sentiments de Régine pour Georges étaient souvent contradictoires. D'un côté, elle comprenait que la planète était au bord du précipice, qu'il fallait essayer de stopper sa destruction. Mais quand elle pensait qu'ils auraient pu être si heureux... Si seulement Georges avait injecté la puce uniquement à M. Octopode, pour se débarrasser de lui, s'il leur avait introduit le virus positif, ils seraient maintenant sains, jeunes et le bébé qu'elle devait mettre au monde dans un mois serait le fruit de leur amour et non pas un être créé contre les lois de la nature.

Elle savait que c'était égoïste, mais il y avait des moments où elle pleurait de rage. Au même moment, il était à sa conférence de presse devant des journalistes. Elle savait quel en était le but: jeter l'appât. Lorsque la nouvelle de l'ADN serait connue, tous ceux qui en avaient les moyens voudraient faire corriger leur ADN. Mais au lieu de cela, on leur injecterait la puce et on leur ordonnerait d'arrêter toute activité destructrice. Et cette chasse aux méchants serait éternelle. Mais elle, Régine, elle avait accepté de continuer de vivre et d'épouser Georges parce qu'il lui avait promis de les guérir de leurs handicaps, d'être un couple normal... Soudain elle se souvint que Georges lui avait parlé une fois du bioprinting, c'est à dire de l'impression de tissu humain à partir des cellules souches pour créer des organes par impression 3D. Une idée la fit s'arrêter net : le clone ! On pourrait prélever sur l'organe génital du clone de Georges des cellules souches et les passer en impression 3D. Georges pourrait redevenir valide! Seulement s'il le voulait...

Georges rentra fatigué mais content. Il raconta à Régine comment s'était déroulée sa conférence de presse. Le décryptage du code ADN avait éveillé un intérêt énorme et on l'avait bombardé de questions. La majorité des journalistes étaient enthousiastes, mais il y avait des sceptiques. Quelqu'un avait déclaré que cette découverte serait discriminatoire, car seuls les très riches pourraient se permettre la correction de leur ADN. Grégoire et ses confrères l'ont soutenu énergiquement, présentant des arguments et des preuves. Mais Georges ne leur en savait pas gré, il n'oublierait jamais le comportement de son ami quand il lui avait demandé de le soutenir. À la fin de la conférence il donna les numéros de téléphone pour les personnes désirant se faire corriger l'ADN. Selon les standardistes, quelques centaines de personnes s'étaient déjà inscrites malgré le prix exorbitant.

Pendant qu'il racontait tout cela à Régine, Georges lui donna le bain, lui massa le corps avec de l'huile essentielle et s'allongea sur le lit l'oreille contre son ventre pour sentir les mouvements de son bébé. Il ne supportait pas de le nommer clone, c'était leur enfant, le résultat de la fusion de deux cellules : celle de Régine et la sienne.

— Georges, est-ce que tu te rappelles, tu m'as dit un jour qu'il n'y avait plus besoin de greffe d'organes, parce qu'on pratiquait le bio printing?

— Oui, mais pourquoi me parles-tu de cela maintenant?

— Je me suis dit que tu pourrais prélever des cellules souches de notre bébé pour...

— Je comprends où tu veux en venir, l'interrompit Georges irrité. Et je vois que tu n'as qu'une obsession — le sexe. Tu fais semblant de vouloir me soutenir et de m'aider. En réalité tu devrais me détester de ne pas satisfaire tes besoins sexuels. Je ne peux plus te faire confiance.

— Georges!

— Je vais au laboratoire!

Georges sortit en claquant la porte. Il était en colère. Il était toujours prêt à tout faire pour elle, il veillait à ce qu'elle ne manque de rien, après l'accouchement il lui introduirait le virus positif et elle serait de nouveau en forme, toujours jeune et belle, elle pourra marcher comme avant. Qu'est-ce qu'elle lui veut encore? Il l'adorait, il aimait lui parler de ses plans, de ses problèmes et de ses réussites. Il pensait qu'il pouvait lui faire confiance...

Régine resta prostrée sur le lit le regard fixé sur un point au plafond.

C'était la première fois qu'elle voyait Georges s'emporter et lui parler de manière aussi tranchante. Elle retournait encore et encore ses paroles dans la tête pendant que les larmes coulaient sur ses joues. Oh, mon Dieu, qu'est-ce qui m'a prise de lui parler de bio printing?! Ce n'était pas du tout le moment! J'aurais dû attendre quelque temps, après la naissance de l'enfant. J'ai tout gâché. Régine frissonna. Elle se rendit compte qu'elle était toute nue. Georges était parti en oubliant de lui mettre la chemise de nuit. Elle souleva la tête et se regarda.

Comme je suis laide! J'ai le ventre énorme et les jambes maigres et décharnées! Je ressemble à un crapaud! Georges doit être dégoûté en me regardant. Vivement l'accouchement! Vivement le virus positif!

Soudain elle se rappela qu'elle n'avait jamais vu Georges nu. Et s'il lui avait menti et il ne s'était pas fait castrer? Et si après le virus positif il était un homme normal, débarrassé de son handicap? Et s'il voyait une autre, et elle n'était qu'un cobaye comme il en avait autant? Je deviens folle. Il faut que j'appelle Georges, que j'entende sa voix, sinon je vais devenir vraiment folle. Régine prit le portable et l'appela. Quelques secondes après, elle entendit une mélodie connue, Georges avait oublié son téléphone sur la table de nuit. Régine le regardait comme fascinée. Non! Régine, ne fais pas ça! Ne sois pas infâme! Mais c'était plus fort qu'elle. Elle avait besoin de se convaincre qu'il n'y avait personne dans la vie de Georges. En s'appuyant sur ses coudes, elle fit des efforts surhumains pour déplacer son corps vers le bord du lit. Le cœur battait la chamade, les mains tremblaient, la tête lui tournait. Régine tendit la main, mais elle n'arrivait pas jusqu'au téléphone. Encore un effort. Son corps était dangereusement près du bord du lit. Régine tendit encore une fois la main, ses doigts touchaient presque le téléphone, elle s'appuya sur l'autre main et poussa son corps...

Le choc contre le plancher fut terrible. Elle tomba sur le dos et une douleur aiguë parcourut tout son corps. Elle sentait des pulsations au bas du ventre. Mais l'enfant ne bougeait pas. Régine sentit un liquide tiède lui couler entre les fesses. Elle s'essuya avec la main et quand elle regarda ses doigts elle y vit un mélange de sang et de liquide boueux. Régine mit les mains sur son ventre. L'enfant, qui d'habitude était très actif, ne bougeait toujours pas. Et les douleurs devenaient de plus en plus intenses. Oh, mon Dieu, j'ai tué l'enfant! J'ai tué l'enfant ! Affolée, Régine se mit à hurler comme un animal blessé.

Quand ses parents accoururent, ils trouvèrent leur fille sur le plancher dans une flaque boueuse de sang, le corps secoué par des spasmes, l'œil hagard, le visage en sueur. Elle couvrait son ventre de ses mains sales comme pour le protéger.

— Appelle vite les urgences! hurla Viviane à son mari. Elle se mit à genoux à côté de sa fille et la prit dans ses bras.

— Mon enfant! Ma chérie! Ça va aller...

Régine ne criait plus. Elle brûlait. Ses yeux brillaient fébrilement. Elle fixait un point devant elle et répétait doucement:

— Le clone, j'ai tué le clone de Georges. Il ne me le pardonnera jamais.

Viviane pensait que sa fille délirait. Elle tira une couverture du lit et couvrit Régine. On entendait dehors la voiture des pompiers approcher.

— Ça va aller, ma petite Régine.

Georges travailla dur pendant quelques heures avec son informaticien. Il fallait préparer une grande quantité de puces, les programmer, les classifier. Quand l'informaticien fut parti, il se prépara un café. Il revit le visage de Régine au moment où il partait en claquant la porte. Elle était si triste qu'il ressentit un pincement au coeur. Il s'était comporté comme un imbécile. Régine s'était sacrifiée en acceptant d'être la mère porteuse de son enfant, elle était toujours de bonne humeur et ne cachait jamais son bonheur de le voir. Et elle lui avait parlé du bio printing parce qu'elle voulait qu'il vive la vie normale d'un humain, qu'il n'était pas nécessaire de se sacrifier pour accomplir ce qu'il appelait son devoir. Elle était peut-être un peu irascible à cause de la grossesse. Mais lui, il était le plus grand idiot. Il l'avait abandonnée toute nue, sachant qu'elle ne pourrait pas s'habiller.

Que fait-elle en ce moment?

Je dois l'appeler, lui demander pardon, la rassurer. Il chercha son téléphone, mais ne le trouva pas. Il eut comme un mauvais pressentiment. Vite! Il faut rentrer tout de suite! Pourvu qu'il n'arrive rien à Régine. Il était tard, après minuit. Georges conduisait comme un fou. Régine, mon amour, je ferai tout ce que tu voudras. Dès qu'il entra dans la cour, il comprit qu'il s'était passé quelque chose. Quelque chose de très mauvais. Il y avait de la lumière dans toute la maison, la porte d'entrée était largement ouverte. Georges monta l'escalier en un souffle, la porte de leur chambre à coucher était, elle aussi, ouverte, il persistait dans l'air une forte odeur de médicaments. Les jambes flasques, Georges entra doucement dans la chambre. Le parquet était plein de taches brunes, à côté du lit il y avait une couverture salie de sang. Mon Dieu, que s'est-il passé ici? Il entendit un bruit de pas et vit Théo entrer.

— Théo, où est Régine?

— Les urgences l'ont emmenée. Vers vingt-trois heures nous l'avons entendue crier très fort. Quand nous sommes accourus, elle gisait sur le plancher dans une flaque de sang en se tordant de douleur. Elle divaguait et répétait sans cesse:

«J'ai tué le clone de Georges. Il ne me le pardonnera jamais.»

Georges sortit en courant de la maison et partit en chapeau de roue aux urgences. Je m'en fous du clone, ce n'est qu'un clone, pourvu que Régine vive.

Il trouva Viviane et André Muller dans la salle d'attente. Ils étaient très pâles. Viviane pleurait contre la poitrine de son mari. M. Muller lui caressait machinalement les cheveux le regard perdu.

— Viviane, André, qu'est-il arrivé à Régine?

— Régine est morte, répondit André Muller sans le regarder.

— Non! hurla Georges hors de lui et se précipita dans le bureau du chirurgien sans frapper à la porte.

— Pourquoi Régine est-elle morte? Pourquoi l'avez-vous laissée mourir? Il regardait le visage las du médecin et avait envie de l'étrangler.

— Nous avons fait tout ce qui dépendait de nous. Comme l'accouchement était prématuré et présentait un gros risque pour la mère et le bébé nous avons décidé de lui faire une césarienne. L'opération se déroulait bien, l'état de la patiente était satisfaisant. Et brusquement, sans aucun symptôme, vers la fin de l'intervention elle a fait un accident vasculaire cérébral profond. Elle est décédée en quelques secondes. Cela peut arriver si la personne subit un stress éprouvant. Votre femme est tombée, cela a déclenché les contractions de l'utérus et la perte du liquide placentaire. Elle croyait que l'enfant était mort, car elle répétait sans cesse qu'elle avait tué le bébé. Votre bébé sera pris en charge spécifique, il devra passer quelque temps en couveuse. Vous pourrez lui rendre visite...

— Je veux voir Régine, tout de suite! l'interrompit Georges énervé.

— Pour le moment c'est impossible. Revenez demain. Et je vous en prie, n'essayez pas de faire de moi le bouc émissaire. D'ailleurs, je me demande si vous n'auriez pas abandonné votre femme paraplégique que vous avez mise enceinte pour aller voir une autre femme.

Georges sortit du cabinet du docteur comme un somnambule. Les parents de Régine n'étaient plus là. Il abandonna la voiture dans le parking des urgences et partit à pied au hasard. Il avait horreur de rentrer à la maison. Il n'imaginait pas comment il allait vivre désormais sans Régine. Ne plus voir ses beaux yeux émeraude, ne plus entendre sa voix douce, son rire joyeux quand il rentrait, ne plus ressentir ses mains lui caresser les cheveux lorsqu'il reposait sa tête sur ses genoux. Régine qui savait l'écouter, le consoler, le contredire délicatement. À cause de son arrogance, de son égoïsme il a perdu l'unique personne au monde qui l'aimait vraiment. Il n'a pas été digne d'elle, il n'a pas su la protéger. Oh, Régine, Régine ! Georges se laissa tomber par terre et éclata en sanglots. Il pleura longtemps à chaudes larmes. Quand il se releva, il était presque matin. Georges retourna aux urgences, prit sa voiture et partit directement au château. Il n'avait pas le courage de parler aux parents de Régine. Il prit une douche, se changea et retourna à l'hôpital. Régine avait été transférée à la morgue. Même morte, elle était d'une beauté époustouflante. Georges la regardait avidement pour imprimer dans sa mémoire tous les traits de ce visage si cher. Il pensait avec amertume à l'ironie du destin, lui qui pouvait retourner à la vie les plus désespérés, n'a pas été capable de sauver sa femme aimée. Et si c'était le châtiment divin pour s'être mêlé de ce qui ne lui appartenait pas?

— Georges, dit Viviane Muller quelques jours après l'enterrement, nous ne te voyons presque pas à la maison. Puisque tu es là, nous voudrions te parler.

— Oui, je ne supporte plus cette maison, elle est déserte sans Régine...

— Le soir où nous avons trouvé Régine sur le plancher elle répétait tout le temps: «J'ai tué le clone de Georges». Qu'est-ce qu'elle voulait dire? Aurait-elle vraiment perdu la tête?

— Non, elle disait la vérité. Elle était la mère porteuse de mon clone, car je ne peux pas avoir d'enfants.

— Tu ne l'aimais donc pas? C'était commode d'en faire la mère porteuse de ton clone, comme elle était paraplégique, elle aurait eu honte de raconter que son mari ne couchait pas avec elle. Est-ce que tu avais une maîtresse?

— Ecoutez, Viviane, tout est beaucoup plus compliqué.

— C'est ça, tu voyais quelqu'une d'autre. Régine a dû s'en douter. Maintenant je comprends pourquoi elle était tombée. Sur le plancher il y avait ton téléphone. Elle aurait voulu l'attraper pour vérifier tes contacts.

— Je ne lui avais jamais donné de raisons de douter. Ce soir-là, c'était notre première dispute. Mais Régine savait que je l'aimais plus que tout au monde. Et quand je lui avais dit que je voulais me faire cloner, elle a accepté d'être la mère porteuse.

— À propos du clone. Nous pensions rester t'aider à élever l'enfant, mais puisque ce n'est pas l'enfant de Régine, mais une créature, on s'en va.

Georges ne voulait pas les laisser partir comme ça, affligés par la perte de leur fille. Il avait beaucoup de respect pour eux. Ils avaient toujours été très discrets, délicats, intelligents. Ils ne méritaient pas d'être malheureux.

— Je comprends et je ne vous en veux pas. Mais avant de partir je voudrais que vous veniez dans mon bureau, je vais vous montrer quelque chose.

Viviane et André prirent place et Georges leur tendit deux petites boîtes noires de forme cylindrique.

— Ouvrez-les et dites-moi ce que vous voyez dedans.

Intrigués, ils soulevèrent les couvercles et approchèrent les boîtes de leurs visages. Et tout de suite ils perdirent conscience. Georges sortit alors les seringues avec les puces, préparées à l'avance. Il savait que les parent de Régine auraient voulu s'en aller. Il leur injecta les puces qu'il voulait injecter à tous les habitants de la planète (sauf aux «esclaves»). Puis il sortit le panneau de commande: «Désormais penser à Régine ne vous rendra pas malheureux et elle retournera chez vous à travers la fille que vous mettrez au monde. Vous ferez partie de la famille des apiculteurs».

Georges leur introduisit le virus positif. «Dans quelques mois, ils auront complètement guéri de toute maladie, seront jeunes et pleins de forces».

Ils allaient être les premiers habitants du Hameau des Séquoias.

***

Cela faisait déjà un mois que Régine était morte, mais Georges n'était pas encore allé voir l'enfant, la créature, comme l'avait appelé Viviane. Il le détestait, car c'était sa reproduction. Il avait sacrifié Régine pour offrir au monde un autre égoïste comme lui. Penser que Régine était morte avec l'idée qu'il ne l'aimait pas lui était insupportable. Ce matin-là, il reçut un appel du service de néonatologie où son clone était pris en charge. On l'informait que l'enfant était sorti de l'incubateur et on l'invitait à venir le chercher ou signer les papiers d'abandon. Georges ne savait pas quoi faire. Se faire cloner était le seul moyen pour lui d'avoir un enfant. Il y avait pensé durant des années. Et maintenant qu'il était né, il se sentait perdu. À cause du sentiment de culpabilité qui le rongeait. Le prix payé était trop fort et cet enfant ne lui procurait plus de bonheur. Il l'aurait abandonné, mais c'était un clone, il devrait le surveiller. Il décida alors de l'emmener à la maison et d'engager une nourrice pour s'occuper de lui. Il demanda à voir le bébé.

— Depuis qu'il est sorti de la couveuse cet enfant n'arrête pas de pleurer. Mais il est en bonne santé, lui dit l'infirmière de service.

Georges s'approcha du box en verre et regarda. Au milieu, il y avait un berceau dans lequel un être minuscule criait très fort en agitant frénétiquement les bras et les jambes. Georges ouvrit doucement la porte et se pencha au-dessus du berceau. Il toucha légèrement la tête du bébé qui arrêta de pleurer. Il ouvrit les yeux et son regard trouble erra jusqu'à ce qu'il rencontrât celui de Georges. Ils se regardèrent un moment et l'enfant esquissa un sourire et tendit une main minuscule vers Georges. Georges se pencha et le prit délicatement dans ses bras, le serra contre son cœur et, oh ! miracle ! l'enfant s'endormit.

— C'est vous qu'il attendait! lui dit l'infirmière étonnée. Il a cessé de pleurer dès que vous vous êtes approché!

Georges embrassa l'enfant sur le front : mon bébé, mon fils, la chair de ma chair, je ne t'abandonnerai jamais, mon petit chéri.

Il appela son fils Tudor, ce qui signifie «Don de Dieu». Dès qu'il le prit dans ses bras, il l'aima de tout son cœur et regrettait de l'avoir laissé pendant tout un mois à l'hôpital. Il ne se séparait jamais de lui et ne prit pas de nourrice. C'est lui qui lavait son fils, préparait le biberon, changeait les couches. Et il lui parlait tout le temps, il lui lisait de petites histoires, lui faisait écouter de la musique classique. L'enfant l'écoutait comme s'il comprenait tout ce qu'il lui disait. Celui-ci avait installé le lit de son fils dans sa chambre près du sien et quand il se couchait, il aimait écouter sa respiration. Il l'emmenait partout et s'il fallait le quitter pour quelques instants, il ne le confiait qu'à Théo.

***

Georges s'injecta aussi une puce. Il en avait besoin pour transmettre plus facilement les commandes à ses collaborateurs. Il avait douze subordonnés avec lesquels il communiquait par l'intermédiaire des puces. Les codes de ses collaborateurs étaient injectés sous la peau à l'intérieur de son poignet gauche. Lorsqu'il voulait entrer en contact avec l'un d'eux, il lui suffisait d'appuyer légèrement le doigt sur son code à l'intérieur du poignet. L'autre ressentait des pulsations à l'intérieur de son poignet et le code de celui qui l'appelait devenait rouge. Il y appuyait son doigt et le contact était établi. C'était une sorte de communication télépathique. Ses douze subordonnés avaient à leur tour dix subordonnés et ainsi de suite, pour organiser et contrôler le bon déroulement des activités. Les collaborateurs étaient divisés en catégories:

- Nettoyage des mers et océans;
- Nettoyage des eaux potables;
- Nettoyage et aménagement des terrains;
- Aménagement des maisons.

Les activités étaient accomplies par ceux auxquels on avait injecté des puces du programme «Esclaves». Ils étaient presque cinq cent mille. Tous leurs capitaux furent investis pour procurer le matériel de nettoyage, créer des dispositifs innovants, censés capturer et détruire les débris plastiques. On cessa d'abord de produire des armes après avoir détruit tout armement. On reboucha les puits de pétrole. Les meilleurs ingénieurs travaillaient à élaborer des voitures qui se déplaceraient en base du champ magnétique solaire. On liquida l'industrie plasturgique. On nettoya les mers et les océans des marées noires.

D'autres collaborateurs étaient responsables des activités vitales:

- L'agriculture;
- L'apiculture;
- L'aquaculture;
- Production des textiles;
- Production alimentaire.

Un collaborateur s'occupait des accouchements, un autre, de l'injection des puces et du virus positif. Le dernier était coordonnateur de l'équipe d'ingénieurs.

***

Georges installa dans le Hameau des Séquoias vingt couples parmi lesquels les Muller. Ils étaient tous d'un âge avancé et avaient perdu leurs enfants. L'espace était prévu pour cent couples, mais il serait occupé par les descendants des vingt familles qu'il y avait logées. Il fit installer des caméras qui lui permettraient d'observer le comportement et les relations entre les membres du hameau. Il fut agréablement surpris de voir le résultat de l'action des puces et des virus positifs. Tous étaient jeunes, souples, en parfaite santé. Les hommes ne cherchaient pas à séduire d'autres femmes et les femmes ne cherchaient pas à être coquettes. Il n'y avait pas d'adultère, de jalousie, de rivalité. Chacun n'aimait que son mari ou son épouse. Leur occupation de base était l'apiculture, mais ils pouvaient passer facilement à d'autres activités de leur petite communauté.

André Muller était celui qui communiquait avec le collaborateur de Georges quand celui-ci voulait lui transmettre des instructions ou s'informer de leurs besoins. Une fois par mois, ils recevaient poisson et fruits de mer, sel, vêtements, vaisselle, outillage. Leur monnaie d'échange était le miel. Ils ne consommaient pas de viande. Les produits étaient partagés en parties égales et chaque famille en recevait sa part. Quant aux fruits et légumes, les habitants du hameau les cultivaient eux-mêmes. Des arbres fruitiers poussaient dans des vergers. Il y avait des potagers d'une grande diversité de légumes. Ceux qui portaient des puces n'étaient pas gloutons ni addicts à la nourriture. Ils mangeaient très peu mais de façon très variée. Personne ne fumait. Personne ne consommait d'alcool.

Les habitants du hameau des Séquoias commençaient leur journée de travail très tôt. Leur petit déjeuner se composait de jus de fruits et de céréales. Chaque couple s'occupait de son potager, puis ils allaient tous travailler dans les vergers communs ou dans le rucher. Le surplus de fruits et légumes était déposé dans des congélateurs. A midi, chaque couple rentrait déjeuner. Après la sieste, chacun faisait ce qu'il lui plaisait: peinture, sport, musique, sculpture, bricolage, jeux de société. Chaque soir on dansait au Centre des loisirs, un énorme bâtiment luxueux à trois étages. Au rez-de-chaussée se trouvaient une salle destinée aux jeux de société, une salle de billard, une salle de danse. Le premier étage était consacré aux instruments musicaux. Il y avait beaucoup de petites classes dans lesquelles on pouvait apprendre à jouer d'un instrument musical. La grande salle était la salle des concerts. Le deuxième étage était consacré à l'art de la peinture, de la sculpture, l'art culinaire, le tricot, le crochet. Chaque salle était dotée d'un écran tactile. Pour apprendre à jouer du piano, on choisissait le programme «Cours de piano». Un professeur de piano apparaissait sur l'écran et donnait les cours. Grâce aux puces, les habitants du hameau étaient très doués et n'éprouvaient pas de difficultés à apprendre. Ils n'avaient pas le temps de s'ennuyer, leur vie était intéressante, ils vivaient en harmonie et convivialité.

***

Viviane était devant la glace. C'était fascinant de se voir chaque jour plus belle et plus jeune. Après l'injection des puces elle et son mari étaient restés chez Georges. Il leur introduisit peu après le virus positif. Ils n'en voulaient plus à Georges d'avoir abusé de l'amour que Régine éprouvait pour lui pour faire d'elle la mère porteuse de son clone. Il aurait dû lui introduire d'abord le virus positif, la guérir de son handicap. Viviane avait été très fâchée quand elle s'était rendu compte que Georges n'avait pas été pressé de rendre sa mobilité à Régine de peur de la perdre. Mais la puce faisait ses effets. Petit à petit ils se calmèrent et parlaient de leur fille comme si elle était partie dans un long voyage d'où elle reviendrait bientôt. Quelques jours plus tard, Georges leur déclara qu'il les mènerait dans un endroit magnifique où ils allaient habiter désormais. Il leur dit de n'emporter que quelques souvenirs, car là où ils allaient il y avait tout ce dont ils auraient besoin. Viviane choisit l'album de photos de leur famille. Elle n'aimait pas garder les photos sur des disques durs. L'album, disait-elle, donnait l'impression d'être plus proche des personnes sur les photos. Intuitivement, elle écrivit sur la première page de l'album: «André, Viviane et Régine. Notre vie, notre famille avant le départ de Régine. Car après son départ, ce fut la fin des fins et le début des débuts.» Elle s'était aperçue qu'elle se rappelait de plus en plus vaguement le passé. — «André, je crains que nous n'oubliions complètement notre vie d'avant l'injection du virus positif».

«Ma chérie, si c'était le cas, j'en serais ravi, lui répondit-il. Il y a tellement de choses que j'aurais dû faire et que je n'ai pas faites et il y en a que je n'aurais pas dû faire et que j'ai faites qui me tourmentent, que je préfère tout oublier. Georges nous a dit que le virus positif nous rendrait la beauté et la force que nous avions à trente ans. Je ne veux pas emporter avec moi dans ma nouvelle vie les regrets et les remords d'une vie passée.»

Quelques jours plus tard, Georges les mena à une station de métro. Là, il y avait encore dix-neuf couples. Tous avaient presque le même âge qu'eux. Un train très court arriva. Il n'y avait pas d'autres passagers. Un collaborateur les accompagnait. Georges embrassa Viviane et André comme si c'était la dernière fois qu'ils se voyaient. Le train parcourut à grande vitesse des champs, des forêts et pénétra dans un tunnel immense. Tous descendirent sur le quai et le collaborateur les conduisit vers un mur du tunnel. Là il mit la paume sur un endroit que lui seul connaissait et une porte s'ouvrit dans le mur. Elle donnait accès dans un ascenseur large de quelques mètres carrés qui les monta à la hauteur de trois mille mètres. Là-haut, il s'arrêta dans une sorte de gare. Le collaborateur se dirigea vers la sortie et quand tous furent dehors, ils crièrent de surprise. Un spectacle époustouflant s'ouvrait à leurs yeux. C'était un petit village entouré de forêts et de montagnes avec des maisons de toutes les couleurs. Chaque maison disposait d'un système photovoltaïque installé sur le toit, qui permettrait de récupérer l'énergie solaire pour la transformer en courant électrique. Au milieu du village il y avait un lac à l'eau cristalline qui venait des rivières des montagnes. Toutes les maisons étaient situées autour du lac.

— Désormais vous allez habiter dans ce coin de Paradis, leur dit le collaborateur. Il s'appelle le Hameau des Séquoias. Pour le moment il y a cinquante maisons. Vous allez occuper la première rangée de maisons. Quand vos descendants se marieront, ils occuperont les autres, et quand il n'y en aura plus vous les aiderez à construire leurs maisons. Il sortit de son sac un bol noir.

— Dans ce bol, il y a vingt billes de verre aux couleurs des maisons. Vous allez tirer une seule bille. Sa couleur correspondra à celle de la maison que vous habiterez.

Viviane laissa les autres tirer leur bille. Toutes les maisons étaient tellement mignonnes, qu'il lui était égal laquelle habiter. Quand tout le monde eut tiré sa bille, elle s'approcha et sortit du bol celle qui y restait. Sa maison se trouvait au centre du hameau, elle était de couleur rose cendré, les fenêtres, les volets et les portes ivoire doré, le toit et les marches gris perle. Elle en était ravie et l'aima tout de suite.

— Vos maisons sont meublées et équipées de tout ce dont vous aurez besoin. Les congélateurs sont remplis de produits qui devront suffire jusqu'à ce que vous commenciez à produire vous-mêmes.

Après le départ du collaborateur, les couples se dirigèrent vers les demeures qu'ils avaient choisies. Il n'y avait pas de clôture autour des maisons. Viviane et André s'approchèrent de leur cottage. Le terrain qui l'entourait n'était pas entretenu, de mauvaises herbes y poussaient, il n'y avait pas de fleurs. En entrant dans la maison ils s'arrêtèrent stupéfaits: la maison était très lumineuse et entièrement meublée: draps, vêtements, serviettes, vaisselle. Tout était de la meilleure qualité. Viviane et André passaient d'une pièce à l'autre en poussant des exclamations d'admiration : partout du bois, du marbre, du cuir, du verre. Une des pièces devait être la bibliothèque. Un mur était couvert d'étagères en bois blanc. Mais il n'y avait pas de livres. Au milieu se trouvait un bureau en bois blanc massif. Le dessus du bureau était couvert d'une feuille de verre épaisse. Viviane s'approcha du bureau et recula effrayée. Intrigué, André s'approcha à son tour pour voir ce qui l'avait perturbée. Sous la feuille de verre il y avait le dessin d'un Octopus vulgaris fastueux couleur or. Mais ses yeux n'étaient pas ceux d'un céphalopode. Des yeux humains d'un gris presque blanc les fixaient sans aucune expression.

— André, j'ai la certitude que ce n'est pas nous qui devrions habiter dans ces maisons-là.

— Je l'ai compris tout de suite.

— J'ai peur de cette maison. Et si son propriétaire, pointa-elle vers le dessin, venait un jour?

— Rassure-toi, chérie, d'après le luxe, j'en déduis que ce village a été construit par des gens très riches et très nuisibles. Et si nous sommes là, c'est parce qu'ils ont perdu le droit d'y habiter. Sinon Georges ne nous aurait pas envoyé ici. Fais- lui confiance.

— Mais il a envoyé Régine loin de nous...

— Oui, mais il nous a promis qu'elle nous reviendrait bientôt.

— S'il te plaît, fais quelque chose de ce dessin- là, il me donne la chair de poule.

André retira le dessin et le déchira en mille morceaux. Ensuite ils allèrent dans la cuisine et inspectèrent le contenu du réfrigérateur. Il était comble de produits. Viviane prépara un déjeuner léger aux fruits de mer. Après le déjeuner, ils sortirent visiter le territoire. Les autres couples étaient déjà dehors. Tous étaient très impressionnés par leur maison et chacun voulait en parler. Tout en discutant, ils marchaient sur le bord du lac. André avait apporté un cahier et un stylo pour noter toutes les propositions d'aménagement. Ils décidèrent d'aménager une plage et des terrains de jeux. Le lac avait une forme allongée. Du côté nord du lac, il y avait un palace luxueux en marbre rose à trois étages. Ils décidèrent de le visiter le lendemain et se dirigèrent vers le côté sud du lac. Là, entre deux rivières qui jaillissaient des montagnes et se jetaient dans le lac, il y avait un immense terrain vierge. C'était l'endroit idéal pour planter les vergers, cultiver les céréales et installer les ruches. Quant au potager, chaque famille aurait le sien près de sa maison. Sur l'autre rive de l'une des rivières, se trouvait une longue grange très spacieuse. Un pont large permettait de traverser la rivière pour y accéder. La grange était divisée en quelques parties séparées par des cloisons. Dans un compartiment, il y avait toute sorte d'outils et de machines agricoles qui fonctionnaient à base d'énergie solaire; dans un autre, différents instruments de construction et de bricolage. Il y avait des chambres de congélation pour conserver les fruits et les légumes, un entrepôt de céréales. Dans une pièce plus petite et isolée, les murs étaient couverts d'étagères sur lesquelles étaient rangés des emballages contenant une diversité infinie de graines de fleurs, de fruits, de baies, de légumes et de céréales. M. Octopode et ses confrères avaient pensé à tout. Les nouveaux habitants du Hameau des Séquoias décidèrent de préparer d'abord le terrain autour des maisons, labourer les terres vierges, installer le système d'irrigation, planter des vergers, des fleurs, des légumes. Ils devaient construire des ruches et aller dans la forêt chercher des essaims d'abeilles pour les peupler. Une fois les décisions prises et notées dans le cahier d'André, tous étaient fatigués, la journée avait été pleine d'événements éprouvants. Ils retournèrent au bord du lac et s'assirent pour faire connaissance...

...Cela faisait déjà quelques mois qu'ils se trouvaient dans le hameau qui devenait de plus en plus semblable au jardin d'Eden. Les maisons étaient inondées de fleurs de toutes les couleurs et de toutes les espèces. Les potagers abondaient de légumes juteux. Les semis des arbres fruitiers poussaient dans les vergers. Dans les ruchers, quelques familles d'abeilles travaillaient pour produire le meilleur miel du monde. Les Séquoiéens menaient une vie active sans se soucier du lendemain ni regretter le passé. En deux mois ils avaient complètement guéri et rajeuni. Mais le jour où le virus positif eut achevé d'améliorer leurs corps, ils oublièrent le passé. Ils ne se rappelaient même pas comment ils étaient arrivés au hameau des Séquoias. Ils venaient de naître une deuxième fois.

...Viviane rentrait du Centre des loisirs, le palace en marbre rose au nord du lac. Le lendemain de leur arrivée, tous les couples allèrent le visiter. Quand ils pénétrèrent dans le hall très large, un écran au mur s'alluma et un homme leur souhaita la bienvenue au Centre des loisirs. Il leur présenta le plan du bâtiment et à quoi correspondait chaque étage. Tous apprécièrent l'endroit et s'y rendaient presque chaque jour après la sieste. Viviane adorait y aller. C'était son endroit préféré, les jours où elle n'allait pas faire des randonnées dans les montagnes avec ses amis, ramasser des champignons dans la forêt, bronzer ou se baigner dans le lac. Ils pouvaient aller où ils voulaient, les animaux sauvages ne les attaquaient pas. Et au Centre des loisirs elle pouvait passer de beaux moments de solitude. Elle aimait peindre à l'huile et avait commencé à apprendre à jouer de l'accordéon. Mais ce jour-là, elle ne pouvait ni peindre ni jouer. Elle ressentait comme des décharges électriques dans son corps. Et elle décida de rentrer. Elle était très belle, avec les traits de son visage exquis, ses cheveux flamboyants, son corps élancé et souple et sa démarche de féline. Un peu plus loin, Viviane vit un groupe d'hommes. André était en train de leur parler. Il l'aperçut, s'arrêta et la regarda venir. Viviane leva la main pour le saluer, mais sa main resta suspendue en l'air. Elle avait l'impression de découvrir pour la première fois son mari. Comme il était beau! Elle regardait émerveillée son visage aux traits réguliers, son corps musclé et un fort désir la parcourut. Elle ne se rappelait pas avoir jamais ressenti cela. Elle comprit qu'elle «était prête». Et en croisant son regard profond et intense, elle sut qu'il ressentait la même chose. Troublée, Viviane se dépêcha de rentrer à la maison. André abandonna ses compagnons et la suivit le regard fixe, le visage crispé et les narines frémissantes. Le sang cognait dans ses tempes. Comme un fauve qui suit sa proie. Arrivé à la maison, il monta directement dans leur chambre. Il savait qu'elle était là. Il la trouva dans la salle de bain devant le miroir. Il s'arrêta derrière elle et ils se dévisagèrent longuement dans la glace. André enlaça Viviane et la tourna doucement vers lui. Leurs yeux ne se quittaient pas. Et brusquement ils se serrèrent très fort et s'embrassèrent passionnément. André la souleva et la porta sur le lit.

Ils se déshabillaient l'un l'autre en continuant de s'embrasser. André savourait le corps de Viviane, il le caressait, il embrassait ses seins. Il promena lentement sa langue sur son ventre et descendit entre ses cuisses. Sa langue continuait de caresser les parties les plus sensibles de Viviane, qui gémissait de plaisir.

— André, mon amour, s'il te plaît, je n'en peux plus, l'implora-t-elle.

Il la pénétra doucement, puis ses mouvements devinrent de plus en plus insistants. Viviane avait enfoui son visage dans le cou d'André, elle était remplie du bonheur de se sentir dominée et écrasée par son corps fort et viril. André voulait prolonger la volupté, quand il sentit l'orgasme arriver, il s'arrêta et l'embrassa sur les lèvres et les seins. Ils jouirent en même temps et se fut si fort que Viviane perdit connaissance... Ils refirent l'amour encore et encore, ne voulant ni boire ni manger, ni dormir...

Le lendemain, Viviane observa le même comportement chez d'autres habitants du hameau. Elle comprit ce que cela voulait dire...

Quand Georges demanda à son collaborateur comment allaient les habitants du Hameau des Séquoias il apprit que quelques femmes parmi lesquelles Viviane étaient enceintes.

***

M. Octopode rentrait de son travail. Il habitait avec sa femme et sa fille un appartement de trois pièces dans un des immeubles à plusieurs étages situés près de l'océan. Etaient logées dans ces immeubles toutes les personnes du programme «esclaves». Chaque semaine, vingt équipes de cent personnes chacune partaient sur de grands navires. Leur tâche consistait à nettoyer l'océan des déchets plastiques. C'était un travail dur et exténuant. Ils jetaient dans l'eau de très longs filets pour attraper le plastique. Puis ils tiraient les filets et les remontaient. Chaque navire était équipé d'un immense fourneau. On y jetait les déchets plastiques, on le fermait, on lançait un programme de rayons ultra puissants et on le laissait agir pendant quelques heures. Quand on l'ouvrait, il n'en restait rien, pas même de cendres. À la fin de la semaine, les équipes rentraient et d'autres les relayaient. Ceux qui rentraient de la corvée bénéficiaient d'une semaine de repos. Mais M. Octopode aurait préféré travailler sans relâche. Non parce qu'il était un grand fervent de l'écosystème, travailler dur lui permettait de penser moins à la situation pénible dans laquelle il se trouvait. Car il y pensait jour et nuit. Ce jour-là, en revenant, il s'arrêta et scruta longuement l'horizon derrière lequel se trouvait son pays... Quelque part, il y avait une haute colline sur laquelle se dressait dans toute sa splendeur un magnifique château en marbre blanc et rose. Il dominait tous les alentours. Son château... Puis il pensa au Hameau des Séquoias, le petit coin de Paradis que ses confrères et lui avaient fait construire avec tant d'amour. À qui appartiennent-ils maintenant? Et il ressentit la même douleur aiguë comme si quelqu'un lui retournait un couteau dans le cœur. Comment a-t-il pu permettre qu'une telle chose lui arrive? Lui qui tenait les rênes du monde dans ses mains, dont tous avaient peur, se faire dépouiller par un jeune scientifique! Il aurait dû le séquestrer. Mais Georges l'avait prévenu qu'il arrêterait ses recherches s'il se sentait forcé. Il s'était injecté un antidote qui le protégeait contre le sérum de vérité. Et une autre substance, pour le cas où l'on aurait essayé de le torturer, qui, en réaction avec une haute dose d'adrénaline, déclencherait la mort. Il n'avait pas peur de mourir. De plus, il était très intelligent, un génie, quoi ! Il codait ses recherches et leurs résultats. Octopode avait demandé à d'autres scientifiques de déchiffrer les informations, mais ils en furent incapables. Il ne s'était pas douté une seule fois que le jeune homme était en train d'élaborer dans son propre laboratoire l'arme qui le transformerait en marionnette. Il n'avait plus que sa lucidité. Les femmes et les enfants ne se souvenaient de rien. Eux, au moins, ils étaient heureux, car ils croyaient qu'ils avaient toujours vécu comme ça. Mais les hommes... Certains avaient accepté leur destin. Mais lui, il ne voulait pas admettre la réalité. Il trouva refuge dans ses souvenirs. Chaque soir, depuis une année, Octopode s'y retirait et revivait son ascension, son pouvoir, les possibilités que lui avait offertes sa richesse... Il avait toujours considéré qu'il avait droit à tout cela, que le monde lui appartenait. Mais ce soir-là, il revit sa vie sous un autre angle. Peut- être à cause de son cœur qui lui faisait mal plus que d'habitude... Il comprit que toute sa vie durant, il n'avait aimé que deux personnes et ces seules deux personnes l'aimaient : sa mère et sa fille. Sa mère l'avait prévenu un jour de ne pas garder de haine dans son cœur, car elle finirait par le lui détruire. Mais il n'avait pas suivi son conseil. Il était devenu cruel. Détruire et humilier quelqu'un lui procurait satisfaction. Que de vies avait-il brisées pour obtenir ce qu'il convoitait! Pour sa femme, l'état dans lequel l'avait plongée la puce a dû être une délivrance. Or, elle le détestait. Elle n'avait jamais caché le dégoût qu'il lui inspirait. Il l'avait forcée à l'épouser. Elle avait quinze ans. Son père, M. Callé détenait l'une des plus importantes compagnies pétrolières. Octopode lui envoya un courrier l'informant qu'il avait l'intention d'acheter toutes ses actions pour une somme dérisoire. M. Callé l'invita à déjeuner chez lui pour en discuter. Et il le regretta amèrement. Car Octopode eu le coup de foudre pour la beauté et la fraîcheur de sa fille, Louise. Et il dit à son père que s'il la lui donnait en mariage, il garderait la moitié des actions. Sinon il serait ruiné.

— Mais ce n'est qu'une enfant, s'écria la mère de Louise et éclata en sanglots.

Octopode ne lui prêta pas attention et continuait de regarder M. Callé, qui avait pâli, droit dans les yeux.

— Demain, avant midi, je veux votre décision. Vous vous doutez des conséquences en cas de refus!

— Ce n'est pas la peine d'attendre jusqu'à demain, déclara Louise avec une résolution et une dignité qui contrastaient beaucoup avec son âge. Je suis d'accord pour épouser M. Octopode, mais vous, s'adressa- t-elle à Octopode, vous devez me promettre de laisser mon père tranquille. Et elle plongea ses beaux yeux dans ceux de M Octopode.

— Je te le promets, répondit-il.

Le mariage fut de rêve. Dans le plus chic palace du monde. Les invités, la crème de la société, avaient reçu des faire-part avec le code vestimentaire. Louise était belle comme une déesse. M. Octopode était fou d'elle. Il aurait été prêt à satisfaire tous ses caprices, si elle lui avait montré un peu d'affection. Lui, de quinze ans plus âgé qu'elle, lui, qui avait réussi à mettre le monde à ses pieds, il avait droit à être sinon aimé, au moins respecté ou bien craint. Mais Louise n'éprouvait pour lui que du dégoût. Ouvertement. Il se disait qu'il réussirait à la conquérir en lui montrant la part de son âme que personne, excepté sa mère, ne connaissait. Il serait tendre avec elle, la comblerait de cadeaux. Mais rien n'y fit. Le jour de leur mariage, elle l'avait humilié devant tous les invités. Il avait pris la parole pour remercier les invités d'être venus partager son bonheur. Puis il s'était tourné vers Louise et lui dit qu'il était le plus heureux et qu'il ferait tout pour qu'elle ne regrette jamais de l'avoir épousé. Et quand il voulut l'embrasser, elle protégea son visage avec la main. Mais elle vit ses parents, comprit leur inquiétude, se tourna vers lui, lui sourit et l'embrassa. M. Octopode avait tout remarqué. La nuit elle se donna à lui et lui permit de la posséder, mais pas un son ne sortit de sa bouche, pas un geste, pas une caresse. Elle resta prostrée les yeux fermés, la bouche serrée pendant qu'il lui faisait l'amour. Il lui faisait des cadeaux très chers, l'emmenait en vacances visiter des pays. Mais elle restait toujours distante quoique très polie. Parfois il surprenait son regard sur lui et il n'y voyait que haine et dégoût. Quand elle fut enceinte, elle refusa définitivement de coucher avec lui, prétextant que les rapports sexuels feraient mal au fœtus. Il se voyait obligé d'aller chercher l'amour ailleurs. Il avait installé dans une suite de l'un de ses hôtels une jeune fille dont il avait fait sa maîtresse. Elle ressemblait énormément à Louise. Et elle l'aimait, au moins pour son argent. Il lui demandait de lui faire ce qu'il aurait voulu que Louise lui fasse. Quand l'enfant naquit, il lui offrit tout l'amour que sa femme avait repoussé. Il adorait sa fille, c'était sa princesse, son trésor. Il passait des heures à jouer avec elle, ses caprices étaient des ordres pour lui. Malory (elle portait le prénom de la mère de M. Octopode) était le portrait craché de Louise. Mais elle le regardait avec des yeux pleins d'amour. Pour elle, son père était le meilleur homme du monde, son héros. Il ne s'était jamais imaginé qu'il était possible d'aimer et d'être aimé ainsi. Sa fille comblait son âme de bonheur et l'indifférence de sa femme ne lui faisait plus mal. Dans ses rêves, il voyait sa fille faire les meilleures études, épouser un jeune homme intelligent, beau, qui l'aimât vraiment. Il avait déjà choisi l'endroit où il voulait faire construire pour eux un château encore plus beau que le sien. Malory avait droit à tout ce qu'elle voudrait, car c'était sa fille... Un pincement plus fort au cœur rappela M. Octopode à la réalité. Dans l'état où il était, il ne pouvait rien offrir à sa fille, ni même la protéger. Elle ne fera jamais d'études, elle ne se mariera jamais... Il ressentit une douleur terrible dans la poitrine qui se répandit dans son bras gauche et monta vers le visage. Il mourut de tristesse et de désespoir pour le sort de sa petite Malory. Georges lui avait caché, pour le faire souffrir, qu'il avait fait injecter aux enfants des «esclaves» des puces normales, que Malory allait être heureuse, avoir un mari et des enfants, être jeune, en bonne santé et vivre cent cinquante ans... Comme il faisait nuit, personne ne remarqua le corps inanimé de M. Octopode. Une heure plus tard la puce déclencha le système autodestructeur qui le consomma entièrement. Il disparut. Et avec sa disparition, il fut effacé des mémoires des autres, car les liaisons entre les personnes étaient maintenues à l'aide des puces. Personne ne se souvint de M. Octopode. Ni même Malory.

***

Léa marchait seule dans la nuit et le bruit de ses talons sur le béton résonnait dans ses oreilles. Elle avait peur, il était presque deux heures du matin. Elle voulait pleurer, mais elle le ferait après, quand elle serait rentrée. Elle était terrorisée par l'angoisse. Elle se mettait à courir, trébuchait, s'arrêtait pour regarder autour d'elle. Elle n'avait pu commander un taxi car la batterie de son téléphone était déchargée. Elle s'en voulait d'être partie seule, elle aurait dû rester attendre le matin, quoique ce fût insupportable. Victor était de cinq ans plus âgé qu'elle. Ils se connaissaient depuis plus d'une année. Léa était encore étudiante en journalisme, mais lui, il était déjà avocat et travaillait dans un cabinet très prestigieux. Ils sortaient beaucoup ensemble, avaient des intérêts communs. Sauf que Victor avait un défaut, auquel elle n'avait pas prêté attention au début, mais avec le temps cela finit par l'irriter. Il n'arrêtait pas de regarder toutes les jolies filles qu'ils rencontraient. Elle se sentait humiliée, et quand elle lui en parlait, il répondait en riant qu'elle était juste jalouse. Elle n'eut jamais assez de dignité pour rompre avec lui, elle avait peur de rester seule. Ce soir-là, ils étaient allés à l'anniversaire d'un collègue de Victor, Philippe, qui habitait un pavillon très chic. Quand ils arrivèrent, il y avait déjà du monde. Philippe vint à leur rencontre, accompagné d'une blonde ravissante. Il présenta Olivia comme sa sœur. Léa eut une sensation désagréable en voyant Victor la regarder longuement dans les yeux et retenir sa main dans la sienne. La soirée était gâchée. Léa se sentait laide à côté d'Olivia qui était consciente de sa beauté et de l'effet qu'elle produisait sur les autres. Et elle se rendait compte que celle-ci s'amusait à se moquer d'elle, car elle flirtait avec Victor qui la regardait comme fasciné. Tard après minuit, faisant semblant d'avoir un peu trop bu, Olivia invita Victor à danser. Il accepta sans se soucier un seul instant de Léa. Olivia se colla contre Victor en défiant Léa par-dessus son épaule. Elle lui dit quelque chose à l'oreille et ils éclatèrent de rire. Ils ne dansaient presque pas, se serrant l'un contre l'autre. À la fin de la danse, Victor embrassa Olivia longuement sur la bouche. Ne pouvant plus supporter l'insulte, Léa quitta la maison. Elle voulut appeler un taxi, mais la batterie du téléphone était complètement déchargée. Que faire? Pas question de retourner à la fête revoir ces deux-là. Et elle partit dans la nuit. Elle avait peut-être espéré qu'en s'apercevant de son absence, Victor viendrait la chercher. Mais Léa ne pouvait pas savoir qu'Olivia l'avait vue sortir de la maison et avait entraîné Victor dans une pièce et qu'en cet instant même, elle était en train de lui faire une fellation avec tant d'habileté que Victor ne s'intéressait à plus rien d'autre.

Soudain, elle se sentit regardée. Effrayée, elle se retourna et vit une ombre se retirer derrière un arbre. Léa accéléra le pas, mais ses jambes étaient lourdes comme du plomb. Son cœur cognait très fort dans sa poitrine, elle avait la gorge sèche. Elle regarda encore une fois par-dessus son épaule et resta paralysée sur place: une dizaine de personnes la suivaient. Des voyous au regard vide, au visage sans aucune expression humaine; seul un rictus en biais indiquait qu'ils savouraient déjà l'orgie à laquelle ils allaient s'adonner. Ils avançaient lentement pour prolonger le plaisir et ne quittaient pas des yeux Léa qui ressemblait à une biche: frêle, les cheveux noirs coupés court, de grands yeux noirs sur un joli visage blanc comme un linge. Une biche face à une meute de chacals. Ils l'entourèrent et l'un d'eux lui ordonna de se déshabiller.

— Pitié, je vous en prie, implora Léa et se mit à pleurer.

— On t'a dit de te déshabiller, putain, lui dit le même voyou et la gifla avec violence.

Le coup fut si fort que Léa tomba à genoux. Du sang coulait de son nez. Elle tremblait de tous ses membres. Quelqu'un avança, la prit par les cheveux et la maintint agenouillée tandis qu'avec l'autre main il ouvrait son pantalon. Soudain il y eut de la lumière au-dessus de leurs têtes. Le type lâcha Léa pour regarder ce qui se passait. Léa regarda elle aussi, mais elle voyait trouble à cause des larmes et de la douleur. Elle entrevit comme des lucioles qui tremblaient légèrement dans l'air. Il y en avait deux. Et soudain chacune diffusa des rayons fins mais très puissants. Chaque rayon visait un voyou. On entendit comme un court cliquetis, il y eut une décharge qui traversa les rayons, pénétra les voyous et déclencha le processus de combustion interne. Ils devinrent rouges comme de la braise, puis passèrent à un jaune éblouissant. Et il ne resta plus d'eux qu'une tâche blanche qui s'éteignit. Tout se passa en moins d'une minute. Les voyous avaient disparu. Léa avait tout vu, mais elle se demandait si c'était bien vrai ou si elle l'avait imaginé. Elle regarda autour d'elle, vit un couteau par terre et comprit que ce qu'elle venait de vivre avait bien été réel. Ses forces la quittèrent et elle s'évanouit.

***

L'hôtel «Le petit agneau» était situé dans la même rue que l'orphelinat. C'était un hôtel comme tant d'autres. Mais il était réputé pour sa philanthropie, pour le soutien et l'aide qu'il apportait à l'orphelinat. Il finançait les voyages des enfants, l'approvisionnement des fruits et légumes frais. C'était le côté clair des activités de l'hôtel. Mais son côté sombre était son rôle de proxénète. Ses clients étaient des pédophiles. La direction de l'hôtel collaborait avec celle de l'orphelinat qu'elle payait généreusement. Les clients arrivaient, communiquaient leurs préférences entre fillettes et garçons. On mettait à leur disposition le site de l'orphelinat et ils choisissaient l'enfant. On envoyait ensuite une voiture chercher les enfants désignés. Les pauvres enfants étaient soumis à un traitement cauchemardesque: violés, battus, mutilés, torturés. Pour une somme fabuleuse, le client pouvait satisfaire sa concupiscence. Après leur retour de l'hôtel, les enfants faisaient des cauchemars, certains tombaient dans la démence. En outre, certains des éducateurs de l'orphelinat étaient eux-mêmes pédophiles.

Ce jour-là les enfants qu'on avait amenés à l'hôtel furent témoins d'un spectacle phénoménal: leurs agresseurs se consumèrent devant eux et disparurent. Le directeur, l'administrateur et tout le personnel de l'hôtel disparurent. Le directeur et les éducateurs de l'orphelinat disparurent eux aussi. Les collaborateurs de Georges arrivèrent, ils introduisirent le virus positif aux enfants pour corriger leur ADN et leur injectèrent les puces qui effacèrent de leur mémoire les cauchemars qu'ils avaient subis. Puis on les installa dans un village dont les habitants avaient comme occupation primordiale la production d'objets en bois, en verre et des tissus en coton et lin.

***

Avant de commencer à injecter la puce et le virus positif en masse, Georges voulut purger l'humanité de ses canailles. Une équipe d'ingénieurs créa un drone de la taille d'un coléoptère. Ce drone était doté de capteurs sensibles à l'énergie négative dégagée par un comportement dangereux. Il pouvait détecter le danger à une distance d'un kilomètre. Le drone se déplaçait très vite et dès qu'il se trouvait près de la personne, il diffusait sur elle un rayon puissant qui déclenchait un effet de combustion interne. En quelques dizaines de secondes, il était embrasé et disparaissait sans aucune trace. Des centaines de drones se répandirent partout. Des milliers de tueurs en séries, de violeurs, de pédophiles furent repérés et détruits. Georges avait discuté de ce problème avec ses collaborateurs et tous furent d'avis qu'il fallait s'en débarrasser. On aurait pu leur injecter la puce et changer leur comportement, mais ils ne méritaient pas cette chance. Georges fit envoyer des drones dans les prisons. Et les drones firent le tri. Ceux qui avaient été condamnés injustement et ceux qui purgeaient une peine pour un petit délit ne furent pas détruits. On leur introduisit le virus positif et leur injecta la puce.

***

Tudor avait déjà six ans et son père décida de lui injecter la puce. Le virus positif lui fut introduit quand il avait un an. Quant à la puce, il n'était pas pressé de la lui introduire. Mais lorsque son fils fut attaqué par les fourmis et fut très effrayé, il se dit que la puce était nécessaire pour tenir les bêtes à distance. Et pour communiquer télépathiquement. La puce de son fils était différente de celle qu'on introduisait aux autres: il n'y avait pas de limite d'âge et il gardait toute son indépendance.

***

Viviane se déplaçait lentement à cause de son ventre. Il était énorme. Son mari ne lui permettait pas de faire trop d'effort. Il était toujours à ses côtés pour l'aider. La puce ne laissait pas la routine s'installer dans les couples. Chaque fois qu'ils se regardaient, ils éprouvaient un sentiment de béatitude. Viviane s'assit sur le canapé pour se reposer un peu. Elle vit sur la table basse l'album de famille. Elle ne l'avait jamais ouvert depuis qu'ils étaient là et ne se souvenait pas de son contenu. Intriguée, elle le prit sur ses genoux et l'ouvrit. Elle regardait les photos avec stupéfaction.

— André, viens voir ! Appela Viviane son mari. Il vint s'asseoir à côté de sa femme.

— Regarde, chéri, ces photos. Sur la première, c'est nous. Là, c'est nous avec un bébé. Toujours nous et le bébé qui grandit. Sur cette photo, on voit l'enfant devenue une très belle jeune fille. On dirait moi. Mais ces deux personnes, moi et toi, qu'est-ce qu'il leur arrive, regarde leurs visages, ils ne sont plus beaux. Qui sont ces personnes, où sont-elles? Qu'est devenue la jeune fille? Viviane revint sur la première page de l'album et aperçut quelques phrases: «André, Viviane et Régine. Notre vie, notre famille avant le départ de Régine. Car après son départ ce fut la fin des fins et le début des débuts.»

— André, qu'est-ce que tout cela veut dire? André et Viviane c'est nous. Mais Régine? Quand je prononce ce prénom, je sens mon cœur se serrer et il me semble que dans un coin éloigné de mon cerveau quelque chose est enfoncé et je n'arrive pas à le libérer. André, est-ce que nous avons eu une fille? Où est-elle? Est-ce que nous l'avons perdue? Regarde la maison sur les photos, les meubles! Je ne les reconnais pas!

— Rassure-toi, mon amour! J'ai vu au Centre des loisirs un atelier pour les amateurs de photographie. J'y suis allé avant-hier. C'était très amusant. Figure-toi, on te prend en photo, ensuite on fait des retouches, comme si tu étais sur le pic d'une montagne, ou bien on change ta couleur d'yeux et de cheveux, on te fait petit ou grand. Quelqu'un a dû s'amuser et nous a fait cet album.

— André, j'aime ce prénom, si nous avons une fille je voudrais qu'elle s'appelle Régine.

Quelques jours plus tard Viviane et quelques autres femmes eurent des contractions. André informa télépathiquement le collaborateur avec lequel il était connecté. Une équipe de deux sages- femmes et de deux personnes responsables des virus positifs et des puces arrivèrent et s'installèrent dans une des maisons libres. Viviane accoucha d'une fillette toute mignonne. On lui introduisit le virus positif, quant à la puce, Georges avait ordonné qu'elle soit différente de celles des autres. En mémoire de sa Régine qu'il n'avait pas su garder, il voulut que cette fillette reçoive la même puce que son fils.

***

Tudor aimait beaucoup la compagnie de Théo. Quand il était petit, c'était Théo qui prenait soin de lui quand son père était occupé. Ils jouaient beaucoup ensemble et au début Tudor croyait que Théo était son frère aîné.

— Théo, qu'est-ce qui est arrivé à notre maman, lui demanda-t-il un jour quand il était très jeune. Est-ce que tu l'as connue? Comment était-elle? Ce devrait être si délicieux d'avoir une mère. J'adore notre papa, c'est le meilleur père du monde. Mais quand je vois des enfants accompagnés de leurs maman et papa je me sens un peu triste.

— Tudor, nous ne sommes pas frères. Je n'ai pas connu mes parents, ton père m'a adopté.

— Il t'a adopté avant ma naissance?

— Oui.

— Alors tu as connu ma mère? Comment était-elle?

— Elle était très belle et très gentille.

— Pourquoi est-elle morte?

— Elle est morte le jour de ta naissance.

— À cause de moi?

— Non! Surtout pas!

— Alors?

— Je ne connais pas les détails. Demande à ton père.

— Je le lui ai déjà demandé. Il m'a dit qu'il m'en parlerait un jour.

— Alors fais- lui confiance. Le moment n'est pas encore venu.

Quand Tudor grandit, Georges l'envoyait avec Théo dans différentes régions pour étudier le comportement de la population. Ils passaient plusieurs jours dans chaque village et faisaient part à Georges de leurs observations.

Un jour, son père demanda à Tudor et Théo s'ils voulaient faire partie de l'équipe des distributeurs. Ils étaient responsables des livraisons au Hameau des Séquoias et devaient effectuer les livraisons une fois par semaine. Les habitants du hameau envoyaient sur leur ordinateur les listes des produits dont ils avaient besoin. Tudor et Théo allaient aux halles, où arrivaient les produits des différentes régions. Ils y déposaient le miel provenant du Hameau et mettaient dans des containers les produits commandés par les Séquoiéens. Chaque famille avait son container de la couleur de sa maison. À l'aide d'un tapis roulant amovible, ils montaient les containers dans un camion qui se déplaçait avec de l'énergie solaire et les emportaient à la station du métro. Là, en se servant toujours du tapis roulant ils déchargeaient le camion et déposaient les containers dans la rame qui les menait à l'intérieur de la montagne. Puis tout était chargé dans l'ascenseur et monté à la hauteur de trois mille mètres. Arrivés là-haut les containers étaient embarqués dans une camionnette et distribués aux destinataires. Ils les laissaient sur les marches des maisons. Personne n'aurait eu l'idée de voler son voisin.

Tudor et Théo arrêtèrent la camionnette devant la maison de couleur rose cendrée, choisirent dans la camionnette le container de la même couleur et se dirigèrent vers la maison. Soudain, la porte s'ouvrit et une jeune fille ravissante aux cheveux flamboyants et aux yeux émeraude sortit de la maison. Elle s'arrêta étonnée, regarda Théo et puis son regard s'attarda sur Tudor. À sa vue Théo devint tout blanc, quant à Tudor, il était blême et ne pouvait prononcer un mot. En les voyant dans cet état-là, la jeune fille éclata de rire.

— Bonjour, vous devriez être les nouveaux livreurs? Moi, je m'appelle Régine, et vous?

En entendant la jeune fille prononcer son prénom, Théo pâlit encore plus fort et fut incapable d'articuler un mot. Tudor vint à son secours:

— Lui, c'est Théo et moi je m'appelle Tudor.

— Mais qu'est-ce qu'il vous arrive? Pourquoi me regardez-vous comme si j'étais un fantôme?

— J'ai l'impression de vous avoir déjà vue...

C'est impossible, en tout cas, moi, c'est la première fois que je vous vois. Vous devez me confondre avec quelqu'un d'autre. Mais on pourrait se connaître mieux. Revenez après-demain, il y aura chez nous la Fête de la Musique.

Et Régine s'en alla d'une démarche souple de féline.

— Théo, j'ai la certitude de connaître cette fille. Quand je l'ai vue c'était comme si je l'avais retrouvée après une longue séparation. Et toi, pourquoi as-tu pâli? La connais-tu?

— Non, mais j'ai eu le même sentiment que toi, répondit Théo en évitant de regarder son ami dans les yeux.

Resté seul Tudor n'arrêtait pas de penser à Régine. Qui était-elle? D'où la connaissait-il? Car il était certain de l'avoir connue bien avant.

Théo et lui ils voyageaient beaucoup et avaient des amis partout.

Mais jamais une fille ne l'avait autant bouleversé.

Le jour d'après, ils retournèrent au Hameau des Séquoias à la Fête de la Musique. La fête commença par un concert de musique classique. Le concert évolua par groupe d'instruments. Ce furent d'abord les instruments à percussion: les timbales, les tambours, la batterie. Pendant quelques minutes, les alentours furent envahis par des sons rythmés et énergiques. Puis vinrent les instruments à vent, puis les instruments à corde. Et enfin il y eut le duo de Viviane et sa fille Régine qui jouèrent de l'accordéon. Personne d'autre n'avait choisi de jouer de l'accordéon, trouvant cet instrument bizarre. Mais elles jouèrent avec tant de virtuosité qu'on les applaudit longuement. Tudor les regardait, fasciné. Elles étaient époustouflantes avec leurs cheveux flamboyants, leurs sourires éclatants et leur complicité. Il était ému et dérouté. Après le concert il y eut des danses. Tudor cherchait des yeux Régine. Une fille vint auprès de lui mais il s'excusa et partit trouver Régine, car c'était elle qu'il voulait voir. Il la vit discuter avec des jeunes du Hameau. Il s'arrêta non loin et continuait de la regarder. Régine tourna la tête, leurs regards se croisèrent et pendant quelques instants ils oublièrent le reste du monde. Tudor l'invita à danser et lorsqu'il sentit son corps près du sien il eut la certitude que désormais il ne pourrait plus se passer de cette fille mystérieuse.

***

Tudor eut un rêve, plutôt un cauchemar. Il était avec Régine dans la maison où il habitait avec son père. Mais elle ne pouvait pas marcher, il la portait dans ses bras, et il aimait s'occuper d'elle, la lavait, la mettait au lit. Et soudain il la percevait comme s'il avait fusionné avec elle, il la sentait de l'intérieur, elle souffrait et lui, il avait peur. Puis ils tombaient ensemble du lit et il avait si peur qu'il se sentait paralysé. Il voulait crier, mais l'air lui manquait et il se réveillait en sueur. Il fit le même rêve plusieurs soirs d'affilée. Il voulait voir Régine, elle lui manquait terriblement. Mais il pensait que le cauchemar qu'il faisait chaque nuit était un avertissement, qu'il ne devait pas la voir, qu'elle n'était pas pour lui. La dernière fois qu'il l'avait vue, il l'avait prise en photo et il n'arrêtait pas de contempler ses images...

— Tudor, réveille-toi, tu fais un cauchemar. Georges secouait légèrement son fils par l'épaule. Tudor ouvrit les yeux mais il avait l'œil hagard.

— Qu'est-ce qu'il se passe, chéri? Georges s'assit sur le bord du lit de son fils. Ces derniers jours tu me parais préoccupé. Est-ce que je pourrais savoir ce qui te tracasse?

— Papa, j'ai rencontré au Hameau des Séquoias une jeune fille. Dès que je l'ai vue, j'ai su que je la connaissais depuis toujours. Je n'arrête pas de penser à elle.

— Tu es tombé amoureux, mon garçon.

— Mais l'amour ne devrait pas rendre malheureux. Et moi, depuis que je l'ai vue, je fais le même cauchemar. Je nous vois ici dans notre maison. Elle ne peut pas se déplacer, je la porte dans mes bras, je la pose sur le lit, et soudain nous ne sommes qu'un seul être, nous tombons ensemble et moi, j'ai très peur, je ne peux pas crier et je me réveille. Qu'est-ce que cela voudrait dire?

— As-tu une photo d'elle?

En regardant la photo de la jeune fille, Georges pâlit. Il ne s'était pas imaginé que la sœur de Régine lui ressemblerait comme une goutte d'eau. C'était plutôt sa Régine à lui réincarnée, il avait programmé les puces de Viviane et André, il leur avait dit que leur fille leur reviendrait.

— Comment s'appelle-t-elle?

— Régine.

— Tudor, il faut que je te parle. Le moment est venu. Lève-toi, vas te laver, habille-toi et viens dans le salon. Je vais nous préparer du café.

Quand son fils fut installé dans un fauteuil Georges commença:

— Sois fort car ce que je me prépare à te raconter va ébranler toute ton existence... Tout a commencé il y a cinquante ans... J'avais cinq ans. Un jour, je suis rentré de l'école malade, j'avais de la fièvre...

***

...Il faisait déjà jour dehors quand Georges acheva son récit.

— Donc, je n'arrive pas à saisir, je suis ton clone? Je n'ai pas été conçu naturellement, comme tous les autres enfants? Qui es-tu pour moi: mon père ou mon frère?

— Je suis ton père parce que je t'ai créé de ma chair et c'est plus profond parce que tu as gardé ma mémoire. Tu es mon deuxième égo. Tu as vu Régine et ma mémoire t'a fait croire que tu la connaissais. Et dans ton cauchemar tu te rappelais d'abord comment je m'occupais de Régine et après tu te rappelais ce que tu ressentais comme clone dans l'utérus de ta mère porteuse. Maintenant je dois y aller, chéri, mes collaborateurs m'attendent. Tu as besoin de rester seul et de réfléchir à ce que tu viens d'entendre. Je sais que tu dois être en colère contre moi et contre tous. Et il y aura beaucoup de questions que tu voudras me poser. À ce soir, mon fils.

***

...Tudor se tenait debout devant l'énorme écran 100D représentant une fourmilière. Il réfléchissait à la révélation que son père venait de lui faire et réalisa que celui-ci avait organisé la société humaine d'après le modèle de la civilisation des fourmis. Il avait à lui dire un mot là-dessus... Puis il repensa à sa procréation. Il était clone... Est-ce que cela l'attristait ou bien le rendait fier d'être spécial? Mais quelle importance? Ce qui comptait c'était le fait d'être là, vivant, en bonne santé. Et tout ça grâce à son génie de papa. Vivement qu'il rentre. Tant de questions tournaient dans sa tête...

Le soir, quand Georges fut rentré, Tudor lui dit:

— Papa, je te remercie de m'avoir créé et de m'avoir offert comme mère porteuse une femme si magnifique. Oui, je comprends ma situation privilégiée. Un spermatozoïde a une seule chance de féconder un ovule, s'il la rate, il meurt et un autre le remplace. Mais la personne qui en résulterait serait différente de celle qu'aurait pu générer le premier spermatozoïde. Tandis que «moi» tu pourrais en produire autant que tu en voudrais. Surtout en ayant la même femme comme mère porteuse.

— Tudor, je crois comprendre la désolation que tes paroles sous-entendent. Tu considères que tu n'as pas autant de valeur qu'un individu conçu par reproduction sexuée. Mais je ne suis pas d'accord. Même si on introduisait quelques clones de la même personne dans l'utérus de la même mère porteuse, on obtiendrait la copie de la personne clonée, ses descendants seraient génétiquement semblables. Mais chacun aurait sa conscience. Toi et moi, nous avons les mêmes gènes, on dirait le même corps. Mais chacun d'entre nous, nous avons notre conscience. Il est vrai, nous avons les mêmes goûts, les mêmes intérêts, mais je ne peux pas savoir à quoi tu penses, ainsi que toi tu ne peux pas savoir quelles sont mes pensées et nous ne sommes pas toujours d'accord. C'est ta personnalité qui compte. Même s'il y avait encore trois «toi», vous seriez différents. Donc tu es unique et tu ne peux pas imaginer comment!

Tudor fut très ému par les paroles de son père. Il aurait voulu lui poser d'autres questions, mais il le ferait une autre fois. Maintenant, il voulait assimiler ce qu'il venait d'entendre. Il pensa à Régine, à ses parents. Soudain il réalisa que Viviane et André étaient les parents de sa mère porteuse. Donc, ils étaient ses grands-parents porteurs? Il rit, amusé, et alla chercher Théo pour aller ensemble rendre visite à des amis.

***

Quelques jours plus tard Tudor dit à son père qu'il souhaitait faire ensemble un voyage dans la cité des fourmis comme lorsqu'il était petit. Après «l'excursion», il dit:

— Je me souviens, tu m'avais dit une fois que la civilisation humaine devrait être réorganisée d'après le modèle de celle des fourmis. Mais les fourmis, elles aussi ont une hiérarchie?

— Oui, mais la différence est que personne ne veut prendre la place de l'autre, chacun a son rôle et jamais l'idée ne lui viendrait d'en changer. Et tous travaillent pour que la cité prospère, même la reine, elle pond des œufs. Mais les humains étaient méchants, ils voulaient dominer ceux qui étaient plus faibles, les exploiter ; ils s'entretuaient, ils n'étaient jamais satisfaits de ce qu'ils possédaient, ils voulaient en avoir toujours plus.

— Mais en leur introduisant la puce, tu as fait d'eux des robots?

— Non, en leur injectant la puce, je les ai dépourvus d'ambition, de concurrence, de convoitise, de haine, de jalousie, d'adultère. Les humains ne doivent pas passer toute leur vie à faire des études, ils possèdent toutes les compétences utiles. Ils n'apprennent que ce qui les intéresse, ils ne travaillent que quatre heures par jour, le reste du temps est à leur disposition. Ils vivent en harmonie avec la nature, ils n'ont pas besoin de s'enrichir, ils se contentent de ce qu'ils possèdent. C'est la beauté de leur âme qui compte. Tu as du mal à me comprendre, parce que tu ne te rappelles pas comment les gens étaient quand tu étais petit. Viens voir.

Georges ouvrit un placard plein du haut en bas de disques.

— Là, il y a des films qui reflètent la vie des humains il y a quelques dizaines d'années. Regarde-les et tu verras comment c'était de vivre dans la civilisation humaine dont l'esclavage, la guerre, la criminalité, la pollution globale étaient les fondements.

— D'accord, je vais les regarder pour m'en faire une idée. Il y a autre chose qui m'intéresse. Comment les gens que tu as créés se marient-ils?

— Les jeunes voyagent beaucoup, à part ceux qui habitent le Hameau des Séquoias, se rencontrent, se parlent. Et quand un jeune homme et une jeune fille se plaisent, il se passe entre eux une réaction chimique. Et lorsqu'ils se marient, leurs puces fusionnent, ils restent ensemble jusqu'à la mort.

— À propos de la mort. Tu m'as dit qu'une personne vivrait cent cinquante ans. Donc, si dans un couple l'un est plus jeune que l'autre, il risque de rester veuf.

— Si une personne décide de rester célibataire, elle vivra cent cinquante ans. Mais quand on est en couple on vit cent cinquante ans à partir du jour du mariage. On meurt le même jour, comme dans les contes.

— Et toi, tu es immortel?

— Moi, toi, Théo et mes douze collaborateurs. Il faut bien tout surveiller. Théo et mes collaborateurs ne se marieront jamais.

— Mais ce n'est pas juste! Théo a le droit d'avoir une famille, des enfants... Et moi?

— Toi, tu pourras te marier.

— Je pense qu'entre moi et Régine vient de se passer une réaction chimique. Je l'aime et j'ai la certitude qu'elle aussi m'aime. Mais, attends un peu! Si Régine est mortelle, comment allons-nous fusionner? Car je te préviens, je ne voudrais pas lui survivre!

— Régine est comme toi. En l'honneur de ma Régine que je n'ai pas été capable de sauver, celle-ci est immortelle.

— Alors, on pourra se marier et être toujours ensemble, élever nos enfants!

— Il y a encore une chose... Vous n'aurez pas d'enfants...

— Pourquoi? Comment as-tu pu me faire cela?

— Parce qu'il serait injuste. Si vous avez des enfants, ils seraient immortels, les enfants de vos enfants aussi seraient immortels et ainsi de suite. Vous formeriez une société à part et ne vous occuperiez pas des humains. Ils deviendraient vos esclaves.

— Et tu vas éternellement injecter le virus positif et la puce?

N'en auras-tu pas assez? Est-ce que tu aimes la vie que tu mènes?

— Oui, j'aime ma vie. J'aime ne plus voir les humains souffrir de maladies, des enfants restés orphelins, des guerres détruire des vies, la pollution générer des cataclysmes. Quant à la puce et au virus positif, je vais laisser passer quelques générations et j'arrêterai de les injecter aux nouveau-nés du Hameau des Séquoias. On verra...

Après le départ de son père, Tudor resta longtemps immobile, fixant un point invisible. Il ne comprenait pas ce qu'il ressentait pour son père : de la peine ou bien de l'admiration. De la peine parce qu'il avait décidé pour tous. De l'admiration parce qu'il avait été capable de créer une nouvelle société, meilleure. Il s'était sacrifié pour être au service des autres, il n'avait même pas privilégié son fils. Pour apprécier l'ampleur du travail que son père avait fait, il décida de regarder les disques. Deux jours et deux nuits durant, il ne sortit pas de son home cinéma, sinon pour manger. Il en fut horrifié. Il ne pouvait pas croire que ce ne fût pas de la fiction. Comment vivre dans un monde pareil? Avoir toujours peur qu'il n'arrive quelque chose? De perdre une personne chère? De lutter pour survivre, de travailler dur pour gagner sa vie? De vivre une soixantaine d'années, le corps et le visage défiguré pour mourir ensuite de maladie. Lui, il a vingt-six ans, il n'a jamais été malade, son père en a cinquante-six, mais on dirait son jumeau. Tous les gens sont jeunes et en bonne santé. Son père est vraiment un génie. Il sera toujours à ses côtés pour l'aider.

***

— Régine, aujourd'hui je voudrais t'emmener avec moi. Mais tu dois me promettre de n'en parler à personne. Je vais te montrer quelque chose. Ils partirent ensemble vers l'ascenseur. Du côté du hameau, on ne l'apercevait pas. Ils approchèrent de la falaise et Tudor mit sa paume sur une pierre large et haute qui en sortait un peu. La pierre pivota et une large entrée s'ouvrit. Régine n'en croyait pas ses yeux. Ils pénétrèrent dans le couloir, Tudor mit sa paume sur la pierre qui referma l'entrée. Régine cria de surprise. De l'intérieur de la falaise, elle pouvait voir dehors. C'était une vitre qui, de l'extérieur, donnait l'illusion de falaise. Ils entrèrent dans l'ascenseur et descendirent. Régine eut des vertiges et s'agrippa au cou de Tudor. Arrivés en bas, ils sortirent dans le tunnel où le train très court les attendait.

— Régine, nous sommes à l'intérieur de la montagne. Je vais te faire découvrir un nouveau monde.

— Oh, Tudor, je savais que des gens comme nous habitaient quelque part, qui produisaient ce que nous ne produisons pas, et je me suis toujours posé la question où ils se trouvaient. Je pensais que c'était de l'autre côté de la forêt, pas trop loin de notre hameau. Mes copains et moi, nous avons inspecté les alentours, mais n'avons rencontré personne.

Ils prirent place dans le train, Tudor appuya sur la télécommande et le train démarra. Régine regardait stupéfaite par la fenêtre du train. Quand le train arriva à sa destination, ils prirent des vélos et Tudor la conduisit à sa maison. En entrant dans le salon, Régine s'arrêta étonnée.

— Cette pièce me paraît familière, comme si j'étais déjà venue ici.

Elle s'approcha de la cheminée.

— Je la connais! Il y a chez mes parents un album aux photos très bizarres. Sur les premières pages de l'album on voit mes parents avec un bébé dans les bras. C'est moi. Il y a aussi des photos de moi plus grande. Mais ce qui est très étrange c'est que mes parents ne sont plus aussi beaux qu'au début de l'album. Et les photos ne sont pas prises dans notre maison. Sur l'une d'entre elles, je suis assise dans un fauteuil devant cette cheminée. J'ai demandé à mes parents des explications, mais ils n'en savent rien. Ou bien ils me cachent quelque chose. Et le plus bizarre, c'est cette inscription sur la première page de l'album: «André, Viviane et Régine. Notre vie, notre famille avant le départ de Régine. Car, après son départ ce fut la fin des fins et le début des débuts.»

Qu'est-ce que cela pourrait signifier?

— Viens avec moi. Ce que tu vas voir t'aidera à trouver la réponse à beaucoup de questions qui te tourmentent.

***

...Des années s'écoulèrent depuis le début de l'aventure. La terre récupérait comme après une grave maladie. Les rivières, les lacs, les mers et les océans étaient nettoyés de déchets et de marées noires. Les forêts n'étaient plus défrichées. Les banques, les hôpitaux, les écoles supérieures, les magasins, les mass média furent éliminés. Il n'y en avait plus besoin. Il n'y avait plus besoin de présidents, de maires,de police. Les gens furent installés dans différentes régions et exerçaient les métiers selon les besoins : agriculteurs, apiculteurs, forestiers, pisciculteurs, producteurs de tissus, de vêtements, des meubles... Chacun connaissait parfaitement son métier. Il n'y avait pas de concurrence. Ils ne travaillaient que quatre heures par jour, mais pendant cette période de temps ils donnaient le meilleur d'eux- mêmes. Après le travail chacun faisait ce qu'il voulait, il y avait tant d'activités intéressantes! On se souciait peu des vêtements, chacun possédait quelques tenues propres et commodes. La beauté des gens venait de l'intérieur. Ils étaient calmes. Il n'y avait pas de potins entre les gens, si on n'était pas d'accord avec quelqu'un, on s'asseyait pour discuter calmement sans s'insulter. Il n'y avait pas d'argent, les gens échangeaient ce qu'ils produisaient contre ce dont ils avaient besoin. Le moyen de déplacement était le vélo. Pour voyager il y avait des trains qui circulaient à l'énergie solaire. On pouvait sortir seul à n'importe quelle heure sans avoir peur d'être agressé par quelqu'un. On pouvait aller dans la forêt sans se soucier des bêtes car la puce les maintenait à distance.

***

Viviane mit la table. Ce jour-là, elle avait préparé un repas de fête. C'était l'anniversaire des cent cinquante ans de leur mariage. Elle attendait Régine et Tudor. Ils étaient mariés depuis plus de cent ans et habitaient là-bas, avec Georges. Elle aurait voulu avoir des petits enfants, mais c'était le prix à payer pour être immortels. Ils leur rendaient visite deux ou trois fois par semaine. Mais aujourd'hui c'était spécial, c'était le repas d'adieu. Viviane le savait, le matin elle avait eu un déclic et comprit tout de suite que c'était la fin. Elle en parla à André et il lui dit que lui aussi, avait eu un déclic. Tous les porteurs des puces savaient qu'ils vivraient cent cinquante ans. À moins qu'il n'arrive un accident mortel. Mais cela arrivait très rarement. Ce qui pouvait tuer une personne c'était la perte complète de son sang. Dans d'autres cas, le virus positif restaurait les os brisés, les organes détruits. Les gens n'avaient pas peur de mourir.

Ils menaient une vie remplie, sans dispute, sans haine, sans maladie. Ils n'avaient pas de remords, ni de regrets. Ils devaient

laisser la place aux autres. Viviane savait qu'après leur départ un autre couple occuperait leur maison. Car le Hameau des Séquoias avait multiplié le nombre des locataires.

André arriva avec Tudor et Régine. Tous s'assirent à table et mangèrent en silence. Tudor regardait Viviane et Régine. Elles se ressemblaient beaucoup. Jeunes et belles toutes les deux comme deux sœurs. André lui aussi était un très bel homme. Et il se dit de nouveau que si son père l'avait voulu, ils seraient ses grands-parents. Il était triste, il les aimait et ne pouvait pas imaginer de ne plus les voir.

Régine avait les larmes aux yeux, elle s'était promis de ne pas pleurer. Après le repas, tous se prirent les mains et fermèrent les yeux. Ils communiquaient télépathiquement entre eux, ils se rappelaient les beaux moments passés ensemble et se disaient comment ils s'aimaient. André et Viviane ressentirent un nouveau déclic dans la tête.

— C'est le moment, dit Viviane et sans un mot, ils se levèrent et montèrent dans leur chambre. Là ils se couchèrent sur le lit et se serrèrent fort l'un contre l'autre. Ils s'endormirent et peu de temps après leurs puces déclenchèrent le système autodestructeur. Ils moururent et trois heures plus tard disparurent complètement, consommés par leurs puces.

...Régine se promenait dans le jardin de la maison de son enfance. Elle caressait du regard les fleurs et le potager entretenus avec beaucoup d'amour par ses parents. Bientôt elle n'y reviendra plus. Elle en avait le cœur déchiré. Les «mortels» ne se rappelaient plus de la personne dont le corps avait été consumé par la puce. Pour ne pas souffrir. Mais elle, Régine, appartenait à une autre catégorie, elle n'oubliait pas ceux qu'elle aimait. Elle se demandait parfois à quoi bon cette vie éternelle, si elle ne pouvait pas avoir d'enfants. Elle adorait Tudor et chaque fois qu'elle le voyait son coeur battait la chamade. Mais elle aurait tellement voulu une vraie famille... Elle sursauta. Tudor s'était approché doucement et l'avait enlacée de ses bras. C'était si délicieux! Comme elle l'aimait!

— Chérie, je viens de communiquer avec Théo. Un couple vient de mourir. Ils sont tombés du haut d'une falaise. Le mari a eu une hémorragie. Sa femme était inconsciente et n'a pas pu le soigner. Il est mort. Et puisque les puces des couples fusionnent, elle est morte aussi. Leur petit garçon de quelques mois est resté orphelin. Veux-tu que nous le prenions chez nous?

— Oh, oui, bien sûr! Régine ne pouvait pas dissimuler son émotion.

Mille ans plus tard...

Une vingtaine de générations se succédèrent depuis la première injection du virus positif et de la puce. Georges et ses collaborateurs décidèrent de laisser les nouveau-nés du Hameau des Séquoias grandir sans virus positif ni puce. Ils voulaient vérifier si l'ADN était corrigé et si la mentalité avait évolué. Deux collaborateurs y furent envoyés pour suivre de près le développement des enfants. Chaque soir pendant vingt ans, ils téléchargeaient des vidéos et des commentaires, que Georges et son équipe étudiaient. Les enfants commencèrent par tomber malades. Deux moururent. Ce fut un choc pour les habitants du Hameau, c'était la première fois que des enfants mouraient. Certains étaient cruels et agressifs. Ils maltraitaient des petits animaux et tuaient à coups de pierre des grenouilles. Ces enfants avaient besoin de beaucoup de temps pour apprendre à lire ou à écrire. Ils ne possédaient pas d'aptitudes pour pratiquer un métier.

Quelques-uns ne voulaient pas travailler. Des biens commencèrent à disparaître. Les gens finirent par avoir peur de sortir le soir. Les jeunes avaient créé deux gangs rivaux, des chefs féroces à leur tête. Ils se disputaient souvent et attaquaient les gens qui appartenaient aux camps opposés. Ce soir-là, Georges reçut une alerte de ses envoyés spéciaux: «Envoie vite des drones, des puces et du virus positif! Les Séquoiéens sont désespérés. Les jeunes s'entretuent, ils saccagent tout. Ici c'est l'enfer!»

Après avoir lu l'alerte Georges regarda l'un après l'autre Tudor, Régine, Théo et les autres collaborateurs et se tournant vers la fenêtre dit doucement:

— Espèce maudite! Le mal est en nous! Nous ne le déracinerons jamais!

À SUIVRE

Remerciements

Tout d'abord je remercie ma famille, mon mari Georges et mon fils Tudor qui m'ont inspirée et dont j'ai fait les personnages principaux (un jour quelqu'un s'est exclamé en les voyant ensemble «On dirais des clones!»). Ces paroles ont fait naître dans ma tête le sujet d'un roman. Je remercie ma fille Dana qui a toujours été prête à m'écouter, à donner son avis et à me motiver quand j' avais marre d'écrire. Je remercie ma jeune amie Léa Moutte qui est passionnée des livres et rêve de devenir éditrice. Après la lecture de mon roman elle m'a encouragée à le publier. Je remercie de tout coeur ma talantueuse nièce Violeta Raevschi pour cette magnifique couverture. Je remercie d'avance tous les lecteurs qui choisiraient de lire mon roman.

LES SOURCES CONSULTÉES

Bernard Werber «Les Fourmis»

Wikipédia

Emilia Burca

LA RÉVÉLATION.
LE CODE ADN N'EST PLUS UN SECRET

ILLUSTRATION — Violeta Raevschi
MISE EN PAGE — Natalia Voinova
CONSULTANT — Dana Burca

SOMMAIRE

Printed in Poland
by Amazon Fulfillment
Poland Sp. z o.o., Wrocław

83503208R00060